**Douniazed Hannachi
Nadia Ouddai**

Etude théorique de complexes organométalliques de lanthanides

Douniazed Hannachi
Nadia Ouddai

Etude théorique de complexes organométalliques de lanthanides

Calcul Théorique

Presses Académiques Francophones

Impressum / Mentions légales
Bibliografische Information der Deutschen Nationalbibliothek: Die Deutsche Nationalbibliothek verzeichnet diese Publikation in der Deutschen Nationalbibliografie; detaillierte bibliografische Daten sind im Internet über http://dnb.d-nb.de abrufbar.
Alle in diesem Buch genannten Marken und Produktnamen unterliegen warenzeichen-, marken- oder patentrechtlichem Schutz bzw. sind Warenzeichen oder eingetragene Warenzeichen der jeweiligen Inhaber. Die Wiedergabe von Marken, Produktnamen, Gebrauchsnamen, Handelsnamen, Warenbezeichnungen u.s.w. in diesem Werk berechtigt auch ohne besondere Kennzeichnung nicht zu der Annahme, dass solche Namen im Sinne der Warenzeichen- und Markenschutzgesetzgebung als frei zu betrachten wären und daher von jedermann benutzt werden dürften.

Information bibliographique publiée par la Deutsche Nationalbibliothek: La Deutsche Nationalbibliothek inscrit cette publication à la Deutsche Nationalbibliografie; des données bibliographiques détaillées sont disponibles sur internet à l'adresse http://dnb.d-nb.de.
Toutes marques et noms de produits mentionnés dans ce livre demeurent sous la protection des marques, des marques déposées et des brevets, et sont des marques ou des marques déposées de leurs détenteurs respectifs. L'utilisation des marques, noms de produits, noms communs, noms commerciaux, descriptions de produits, etc, même sans qu'ils soient mentionnés de façon particulière dans ce livre ne signifie en aucune façon que ces noms peuvent être utilisés sans restriction à l'égard de la législation pour la protection des marques et des marques déposées et pourraient donc être utilisés par quiconque.

Coverbild / Photo de couverture: www.ingimage.com

Verlag / Editeur:
Presses Académiques Francophones
ist ein Imprint der / est une marque déposée de
OmniScriptum GmbH & Co. KG
Heinrich-Böcking-Str. 6-8, 66121 Saarbrücken, Deutschland / Allemagne
Email: info@presses-academiques.com

Herstellung: siehe letzte Seite /
Impression: voir la dernière page
ISBN: 978-3-8381-4461-0

Zugl. / Agréé par: l'université de Hadj Lakhder Batna Algérie.,2011

Copyright / Droit d'auteur © 2014 OmniScriptum GmbH & Co. KG
Alle Rechte vorbehalten. / Tous droits réservés. Saarbrücken 2014

*La connaissance de la densité électronique
est tout ce dont nous avons besoin
pour une détermination complète
des propriétés moléculaires*
E. Bright Wilson

*La théorie, c'est quand on sait tout et que rien ne fonctionne.
La pratique, c'est quand tout fonctionne et que personne ne sait pourquoi.*
Albert Einstein

Remerciements

Cette thèse a été effectué au laboratoire de Chimie des matériaux et des vivants: Activité, Réactivité département de chimie, faculté des sciences de l'université de BATNA, sous la direction de Madame Ouddai Nadia: professeur à l'université de Batna à qui je tiens particulièrement à remercier, pour avoir proposé le sujet et pour avoir dirigé ce travail, elle a été toujours à l'écoute ; très disponible qu'elle veuille trouver ici l'expression de ma sincère gratitude pour ces conseils, sa gentillesse et sa patience durant ces années de thèse ainsi pour le temps qu'elle a bien voulu me consacrer et sans elle cette thèse n'aurait jamais vu le jour.

Mes remerciement vont à :

Monsieur Ammar. Dibi, professeur à l'université de Batna, qui m'a fait l'honneur en examinant ce travail et en présidant ce jury, pour la troisième fois de mon cycle de post graduation .

Monsieur Khatmi Djameleddine, professeur à l'Université de Guelma, et Madame Hammoutene Dalila, professeur à l'Université de STHB, d'avoir bien voulu accepter la charge de rapporteur. Bien qu'ils ont pris la peine de se déplacer

Monsieur Belloum Mohamed professeur à l'université de Batna, qui a bien voulu faire part du jury pour examiner ce travail.

J'adresse mes remerciements aux personnes qui m'ont aidé dans la réalisation de ce travail en premier er sans doute c'est bien mes parents, Quoi que je dise, Quoi que je fasse, je ne saurais jamais remercier les deux très chères personnes à mon cœur, à ceux qui ni les mots , ni les gestes, ni rien au monde pourra exprimer mes sentiments envers eux, à ceux qui me donne la joie de vivre, la vie avec eux devient un paradis au quotidien, à ceux qui n'ont jamais douter de moi ,A vous les perles de mes yeux.

A mes sœurs Ibtissame, Nassima, Nadjoi, Ahlam et Imane pour leur amour inconditionnel, leur soutien et tout ce qu'ils m'ont apporté mais dont ils n'ont qu'une toute petite idée. Je vous aime!

Je remercie mon frère FAHKER EDDINE tu es toujours présent à mes côtés tu es toujours patient que dieu t'inspire la paix, et je te remercie mon cousin et second frère Morad disponible et très serviable.

A ma tante et encore ma sœur Ben Aissa Fahima c'est bien toi qui nous inspire la joie et l'amour dans notre famille, tu es toujours présente très admirable.

Dans la vie, nous avons tous besoin d'un exemple, d'une personne à qui l'on aimerait ressembler. Pour certaines personnes, ce sont des acteurs, des rois ou toute autre personnalité connue. Une fois je me suis demandé qui était mon exemple et la réponse a été évidente pour moi : C'est Zerguine Salima Maître de conférences à l'université de BATNA tu es plus qu'une amie, tu es une sœur.

Je tiens encore à remercier ma grande famille en commençant par Ben Aissa Abdellah professeur à l'université de Batna merci du fond de mon cœur pour ton aide ton encouragement, et Ben Aissa Kamal Et Abdewahab pour leurs présence durant toutes mes années universitaires et un grand merci aux chefs de la gentillesse mon oncle Nour Eddine et ma grand-mère Meriem.

Mes remerciements s'adressent également à Monsieur Hannachi Mouhamed, pour sa générosité et la grande patience dont il a su faire preuve malgré ses charges académiques et professionnelles.

Enfin, j'adresse mes plus sincères remerciements à tous mes proches et amies : Salima, Hafida, Samira, Siham, Dalal et Kamli Dalila, qui m'ont toujours soutenue et encouragée au cours de la réalisation de cette thèse

Merci à tous et à toutes.

Table des matières

Introduction générale.. 11

Bibliographie.. 13

Chapitre I   14

Etude théorique de l'effet du ligand sur la liaison
azote-azote dans les composés

$\{THF\,[N(SiMe3)_2]_2Lu\}_2\,(\mu\text{-}\eta_2:\eta_2N_2)$

Et $\,[(C_5Me_4H)_2Lu\,THF]_2\,(\mu\text{-}\eta_2:\eta_2N_2)$

1. Introduction.. 15

2. Traitement des molécules.. 15

3. Choix d'une méthode de calcul adaptée aux éléments lourds........... 17

4. Détails des calculs.. 17

5. Résultats.. 18

    5.1. Distances et angles... 18

    5.2. Analyse orbitalaire... 18

6. L'oxydation des composés... 24

7. Energie de dissociation de la liaison Lu-N dans (1-M) et (2-M)...... 25

8. Propriétés optiques des composés (1-M) et (2-M)... 26

9. Magnétisme moléculaire.. 32

    9.1. Equations et définitions... 32

    9.2. Evaluation du couplage magnétique par la technique de brisure de symétrie...... 34

10. Conclusion... 36

11. Bibliographie.. 37

Publication I... 39

Chapitre II   43

Etude des triflates de Lanthanides $Ln(OTf)_3$

1. Introduction... 44

2. Lanthanide triflate 44

    2.1. Structure moléculaire.. 44

    2.2. Synthèse des complexes.. 45

    2.3. L'activité des triflates des lanthanides (Propriétés catalytiques).................. 46

        2.3.1. Réactions de Friedel-Crafts.. 46

        2.3.2. Formation de liaison C-C.. 47

        2.3.3. Formation de liaison C-N.. 47

    2.4. Avantages... 47

    2.5 Inconvénients.. 48

3. Perchlorate... 48

4. La géométrie des composés.. 49

5. Méthodes de calcul……………………………………………………………...	50
6. Triflate du Lutétium…………………………………………………………….	50
6.1. Calcul d'optimisation de géométrie …………………..…………………….	51
6.2. Vérification géométrique…………………………………………………….	55
6.3. Calcul de fréquence…………………………………………………………	56
7. Perchlorate de Lanthanide………………………………………………………	57
7.1. Calcul théorique de La(ClO)4……………………………………………....	57
7.2. Résultats et discussion………………………………………………………	58
8. Triflate de Lanthanide ……………………………………………………..........	59
8.1. Le choix de la géométrie de départ………………………………………….	59
8.2. Les conformères………………………………………………………….....	60
8.3. La structure moléculaire…………………………………………………….	61
8.4. L'analyse des charges……………………………………………………....	63
8.5. La distribution de spin………………………………………………………	65
8.6. Analyse des orbitales moléculaires………………………………………….	66
8.7. Les fréquences de vibration…………………………………………………	70
8.8. Le spectroscopie UV/ Vis…………………………………………………...	71
9. Conclusion………………………………………………………………………	74
10. Bibliographie………………………………………………………………….	75
Publication II ………………………………………………………………….....	79
Chapitre III	87

Le Réarrangement Intramoléculaire dans les

Triflates des Lanthanides Ln(OTf)₃

1. Introduction………………………………………………………………………..	88
2. Définition…………………………………………………………………………..	88
3. Réactivité des triflates métalliques………………………………………………....	88
4. Théorie de l'état de transition ……………………………………………………..	90
5. Description du squelette de Ln(OTf)₃ …………………………………………….	92
6. Description du polyèdre………………………………………...………………....	94
7. Etude mécanistique………………………………………………………………...	97
8. Choix d'une stratégie théorique……………………………………………………	98
9. Le réarrangement intramoléculaire………………………………………………..	98
9.1. Triflate du Lanthane La(OTf)3 ……………………………………………	98
9.2. Triflate de Cérium Ce(OTf)3 ……………………………………………..	99
9.3. le Triflate du Gadolinium Gd(OTf)3 ………………………………………	100
9.4. Triflate de Lutétium Lu(OTf)3 ……………………………………………	101
9.5 Triflate de l'Ytterbium Yb(OTf)₃ …………………………………………..	102
10. Etude thermodynamique ………………………………………………………...	103
11. Étude cinétique……………………………………………………………………	103
12. Perspectives et Conclusions……………………………………………………...	104
13. Bibliographie……………………………………………………………………..	106
Conclusion générale ………………………………………………………………..	109

Bibliographie.. 111

Résumé.. 112

Introduction générale

Historiquement les lanthanides sont groupés avec le scandium et l'yttrium sous le nom de terres rares. Le mot « Terre » était utilisé autrefois en chimie pour désigner les oxydes ou un composé avec de l'oxygène. Malgré ce terme, les terres rares sont significativement présentes dans l'écorce terrestre, mais elles sont très dispersées à la surface du globe. Les teneurs sont généralement exprimées sous forme d'oxydes, les lanthanides montrent une grande affinité pour l'oxygène.

Les premiers minerais contenant les lanthanides sont découverts dés la fin du XVIIIe siècle en Suède, mais il faut attendre 1907 pour que leur composition soit véritablement élucidée. Le cérium ($_{58}$Ce) est le premier lanthanide découvert en 1803, puis on peut citer le lanthane (1839), l'ytterbium (1878), le gadolinium (1880) et le néodyme (1885). Enfin, le dernier lanthanide découvert est le prométhéum en 1945.

La véritable compréhension de cette famille chimique est obtenue suite aux travaux respectifs de N. Bohr en 1918 et de G. T. Seaborg en 1944. Tous deux ont montré que les éléments de cette famille sont issus du remplissage progressif des orbitales *4f*, ces derniers sont également connus sous le nom d'éléments *4f* car ils présentent une sous-couche *4f* électronique incomplète, qui leur confère des propriétés physico-chimiques particulières.

Il a été montré que Les électrons *4f* contribuent faiblement aux liaisons chimiques dans les complexes organolanthanides.

Les premières applications des éléments des lanthanides concernent la production de lumière [1] notamment avec l'invention à la fin d XIXe siècle d'une lampe à incandescence basée sur le chauffage d'un mélange lanthane et zirconium, est utilisée pour l'éclairage urbain. De nos jours il y a un nombre d'applications plus vaste de ces complexes en chimie des matériaux (convertisseurs de lumière) [2- 4], et aussi en imagerie médicale [5,6], biologie (catalyse de l'hydrolyse de l'ADN et de l'ARN) [7, 8, 9], en catalyse asymétrique [10, 11] et dans le retraitement du combustible nucléaire (séparation actinide/lanthanide) [12, 13] rendant ce défi très motivant à relever.

Cette thèse présente une étude modélisatrice au sein de la DFT en utilisant le logiciel ADF (Amsterdam Density Functional) [14,15] des différents complexes de lanthanide monométallique et bimétalliques.

Ce manuscrit sera divisé en trois chapitres. Dans le premier chapitre, nous présenterons une étude théorique des deux complexes {THF [N (SiMe$_3$)$_2$]$_2$Lu}$_2$ et [(C$_5$Me$_4$H)$_2$ Lu THF]$_2$; cette approche sera divisée en deux patries, La première portera l'analyse structurale, électronique et optique des complexes de lutécium avec différents ligands. La seconde partie concernera une étude théorique sur le magnétisme de ces composés afin de déterminer l'effet du ligand sur le calcul de la constante de couplage J.

Le deuxième chapitre sera consacré à des études comparatives sur les complexes des triflates des lanthanides Ln(OTf)$_3$ où où Ln = La, Ce, Nd, Eu, Gd, Er, Yb et Lu. Dans un premier temps, nous déterminerons les caractérisations de la coordination, ensuite nous aborderons l'étude géométrique.

Le dernier chapitre de ce manuscrit portera sur l'étude du réarrangement intramoléculaire dans les triflates des lanthanides et les propriétés catalytiques de ces complexes de Ln(OTf)$_3$ où Ln= La ; Lu ; Ce ; Gd et Yb.

Enfin nous clôturons par une conclusion générale en évoquant les principaux résultats obtenus et leur apport significatif sur ce vaste domaine de recherche. Quelques perspectives de recherche sur la suite de ce travail seront données.

Bibliographies

[1] K. A. Gschneidner; *Jr; industrial applications of rare earth elements*, ACS Symp. Series, N.164(1981).

[2] J-C. bunzli, C. Piguet; Chem. Soc. Rev; 34, 1048(2005).

[3] N. Sabbatini, M. Guardigli et J.-M. Lehn, Coord. Chem. Rev., 123, 201–228 (1993).

[4] J.-C. G. Bünzli et C. Piguet, Chem. Soc. Rev., 34, 1048–1077 (2005).

[5] V.W.-W. Yam et K. K.-W. Lo, Coord. Chem. Rev., 184, 157–240(1999).

[6] D. Parker et J. A. G. Williams, J. Chem. Soc., Dalton Trans., 3613–3628(1996).

[7] E. L. Hegg et J. N. Burstyn, Coord. Chem. Rev., 173, 133–165(1998).

[8] T. Shiiba, K. Yonezawa, N. Takeda, Y. Matsumoto, M. Yashiro et M. Komiyama, J. Mol. Catal., 84, L21–L25(1993).

[9] J. R. Morrow, L. A. Buttrey, V. M. Shelton et K. A. Berback, J. Am. Chem. Soc., 114, 1903–1905(1992).

[10] K. Mikami, M. Terada et H. Matsuzawa, Angew. Chem. Int. Ed., 41, 3554–3571, (2002).

[11] H. C. Aspinall, Chem. Rev., 102, 1807–1850(2002).

[12] R. Wietzke, M. Mazzanti, J.-M. Latour, J. Pécaut, P.-Y. Cordier et C. Madic, Inorg. Chem., 37, 6690–6697(1998).

[13] H. H. Dam, D. N. Reinhoudt et W. Verboom, Chem. Soc. Rev; 36, 367–377(2007).

[14] W. Koch, M. C. Holthausen ; *A chemist's guide to density functional theory;* Wiley-VCH(2000).

[15] J. Leszczynski ; *Computational Chemistry: Reviews of Current Trends*, Volume 10; World Scientific(2006).

Chapitre I

Etude théorique de l'effet du ligand sur la liaison azote-azote dans les composés

$\{THF\,[N(SiMe_3)_2]_2Lu\}_2\,(\mu\text{-}\eta^2:\eta^2 N_2)$

et

$[(C_5Me_4H)_2\,Lu\,THF]_2\,(\mu\text{-}\eta^2:\eta^2 N_2)$

I.1. Introduction

En chimie covalente, la structure d'une molécule stable est fortement corrélée à son nombre d'électrons de valence. Les propriétés chimiques et physiques étant étroitement liées à l'arrangement structural, la connaissance des relations nombre d'électrons – structure - propriétés est indispensable pour une bonne compréhension de cette chimie. Ces relations sont nombreuses et varient en fonction de la nature des systèmes chimiques considérés et des éléments qui les composent. Les composés organolanthanides étudiés dans ce chapitre sont tous des complexes bi-nucléaires, ils sont tous stables pour pouvoir être isolés à l'état solide et caractérisés structuralement par diffraction des rayons X [1]. Le peu d'études théoriques effectuées sur ces complexes est l'une des raisons pour laquelle nous allons aborder l'analyse de leur structure électronique au moyen de calculs quantiques.

Dans ce chapitre nous allons étudier les composés organolanthanides binucléaires à pont azoté, qui sont d'un grand intérêt actuellement en raison de leurs propriétés intéressantes. Plusieurs exemples sont rapportés dans la littérature, avec une diversité de ligands attachés aux centres métalliques.

Ce chapitre est divisé en deux sections. Dans la première, nous présenterons les résultats de nos calculs théoriques sur les deux composés $[THFL_2Lu]_2(\mu-\eta^2:\eta^2N_2)$ où L= $N(SiMe_3)_2$ ou C_5Me_4H ; dans cette partie nous visons l'étude du mode de liaison de l'entité N_2 avec les deux fragments métalliques, et voir également l'influence des ligands environnants sur la liaison azote-azote de l'espaceur. La deuxième partie sera consacrée à l'étude du magnétisme de ces molécules.

I.2. Traitement des molécules

William J. Evans et collaborateurs ont synthétisé une série de complexes diamagnétiques du type $\{THF[N(SiMe_3)_2]_2Ln\}_2(\mu-\eta^2:\eta^2N_2)$ avec Ln = Lu, Y, Tm, Gd et Ho [2-5], ces composés sont construits à partir du motif $Ln[N(SiMe_3)_2]_3$ reporté par Bradley il y a 30 ans [6]. La complexation de ce dernier avec l'entité N_2 en présence du tétrahydrofurane amène à la formation des complexes $\{THF[N(SiMe_3)_2]_2Ln\}_2(\mu-\eta^2:\eta^2N_2)$, Ln = Lu, Y, Tm, Gd et Ho. La réduction du diazote par les lanthanides dans cette réaction reproduit un état divalent

Ln (II) accessible suite à la formation de l'intermédiaire Ln [N (SiMe$_3$)$_2$]$_2$, Ln = Lu, Y, Tm, Gd et Ho, ce dernier sera responsable de la formation des complexes en question [3].

La réaction de synthèse réalisée avec les lanthanides Ln = Tm, Gd et Ho qui possèdent un potentiel de réduction Ln (III) /Ln (II) -2.3, -3.9 et -2.9 [7] respectivement (voir chapitre 1 tableau I-2), surprenant cette synthèse est également effectuée avec succès avec Y et Lu, pour lesquels aucune structure Ln (II) n'a été reportée [8,9].

Si la réaction procède à travers l'intermédiaire Ln [N (SiMe$_3$)$_2$]$_2$ donc elle représentera les premiers exemples de Y (II) et Lu (II) de la chimie moléculaire, ce résultat suppose plusieurs possibilités mécanistiques, d'où l'intérêt d'une étude théorique.

Dans le cadre de la chimie de la réduction du diazote [10-15], le groupe de William J. Evans a synthétisé et caractérisé par diffraction des rayons X, différents complexes [(C$_5$Me$_4$H)$_2$LnTHF]$_2$(μ-η^2:η^2N$_2$) où ; Ln = La, Lu, et Nd [5,16]. Nous nous intéresserons en particulier aux deux composés représentés sur la figure I-1.

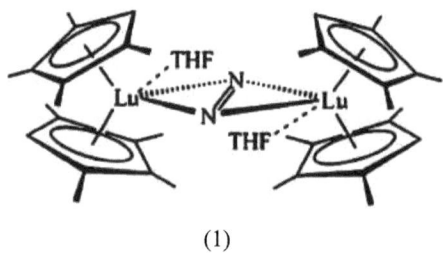

(1)

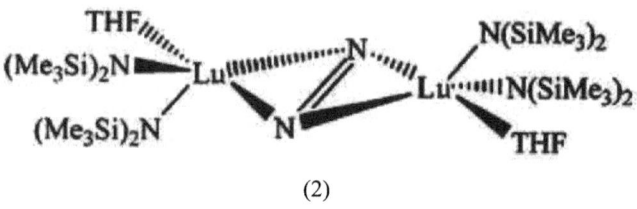

(2)

Figure I-1 : *Les complexes bimétalliques* (1)[(C$_5$Me$_4$H)$_2$ Lu THF] $_2$(μ-η^2:η^2N$_2$)
Et (2){THF[N(SiMe$_3$)$_2$]$_2$Lu}$_2$(μ-η^2:η^2N$_2$)

I.3. Choix de la méthode de calcul adaptée aux éléments lourds

Parmi les méthodes de calcul connues actuellement, il nous faut à présent définir la mieux adaptée à l'étude de complexes de lanthanides. Les composés étudiés dans le cadre de nos travaux comportant au minimum une soixantaine d'atomes, la méthode choisie doit être capable de traiter des systèmes de taille importante avec précision. De plus, il sera nécessaire non seulement d'accéder à l'énergie d'un complexe, mais également de pouvoir optimiser sa géométrie sans contrainte de symétrie et calculer son spectre vibrationnel.

Les lanthanides au degré d'oxydation III, à l'exception du lanthane, présentent des électrons 4f non appariés et devraient donc en toute rigueur être traités avec des méthodes multiréférentielles. Pour l'étude de ces systèmes, l'utilisation de la DFT a donc été proposée ; et les calculs seront effectués avec le logiciel ADF *« Amsterdam Density Functional »* (version 2007)

I.4. Détails des calculs

L'étude quantitative de la structure électronique des complexes modèles neutres :
- $\{[(C_5H_5)_2 \text{Lu THF}]_2\}(\mu\text{-}\eta^2\text{:}\eta^2 N_2)$ notée : *(1-M)*
- $\{(\text{THF}[N(SiH_3)_2]_2)_2Lu_2\}(\mu\text{-}\eta^2\text{:}\eta^2 N_2)$ notée : *(2-M)*

Afin de réduire le temps de calcul les ligands méthyles ont été substitués par des hydrogènes, en appliquant le principe de l'analogie isolobale.

Les calculs DFT [17-18] ont été effectués avec le programme ADF (*Amsterdam Density Functional*) [19] en utilisant la fonctionnelle PBE. Les bases utilisées sont de type slatérienne triple-ζ pour les orbitales de valence de l'ensemble des atomes. L'approximation des cœurs gelés a été utilisée pour les orbitales de cœur, à savoir jusqu'à l'orbitale *1s* pour C, N, O ; *2p* pour Si et *5p* pour l'atome du lutétium. Des corrections relativistes de type ZORA [20] ont été utilisées pour les systèmes.

I.5. Résultats

L'optimisation des géométries sans contrainte de symétrie confirme l'arrangement structural C_2 de la molécule *(1-M)* et C_i pour *(2-M)*. Les principales données géométriques des deux modèles étudiés sont reportés dans les tableaux I : 1-3, ainsi que les données RX disponibles des complexes apparentés [2,16].

I.5.1 Distances et angles

Modèle	distance (Å)					
	N-N	Lu-N	Lu-Lu	Lu-O	Lu-Cp	Lu-N(Si)
(1-M)	1.249	2.319	4.467	2.462	2.398	
	1.243 (12)	**2.300(6)**		**2.462(17)**	**2.377**	
(1-M)$^{1+}$	1.180	2.577	5.020	2.387	2.337	
(2-M)	1.268	2.296	4.415	2.352		2.218
	1.285(4)	**2.257(2)**		**2.321(18)**		**2.203**
(2-M)$^{1+}$	1.186	2.514	4.887	2.287		2.158

Modèle	angle (°)	
	Lu-N-Lu-N	N-Lu-N
(1-M)	1.5	31.2
	2.1	**31.3**
(2-M)	0.0	32.0

* les valeurs en gras correspondent aux valeurs cristallographiques

Tableau I-1 : *Principales caractéristiques calculées pour les modèles (1-M), (2-M)*

Les distances calculées pour les modèles *(1-M)* et *(2-M)* sont proches de celle mesurées par la diffraction des rayons X données dans le tableau I-1.

Les distances Lu-N sont surestimées dans les modèles *(1-M)* et *(2-M)* et se trouvent respectivement plus longues de 0,019 Å, 0,039Å par rapport aux valeurs cristallographiques. Par contre la distance N-N est plus courte de 0,017 Å dans le modèle *(2-M)*, et plus longue de 0,006Å dans le modèle *(1-M)*.

Les déviations entre les distances calculées et les distances expérimentales peuvent être attribuées en partie à la substitution du CH_3 par H dans les deux modèles.

Les angles Lu-N-Lu-N et N-Lu-N sont remarquablement bien reproduits, avec respectivement des déviations de 0.6° par rapport aux valeurs expérimentales du composé 1. Ce bon accord entre les paramètres structuraux obtenus pour les deux modèles *(1-M)* et *(2-M)* et les complexes (1) et (2) permet de valider les modèles pour lesquels aucune détermination expérimentale n'a encore pu être obtenue.

I.5.2. Analyse orbitalaire

Le diagramme orbitalaire obtenu en méthode DFT pour les deux modèles *(1-M)* et *(2-M)* est représenté sur la figure I-2, un large écart énergétique sépare les orbitales occupées des orbitales vacantes (respectivement 1,534 et 1,337eV) est en accord avec la stabilité de ces espèces diamagnétiques. La présence de deux orbitales HOMO et LUMO pour les composés *(1-M)* et *(2-M)* entre un large écart énergétique, permet à ces composés de jouer le rôle aussi bien d'accepteur ou de donneur d'électrons.

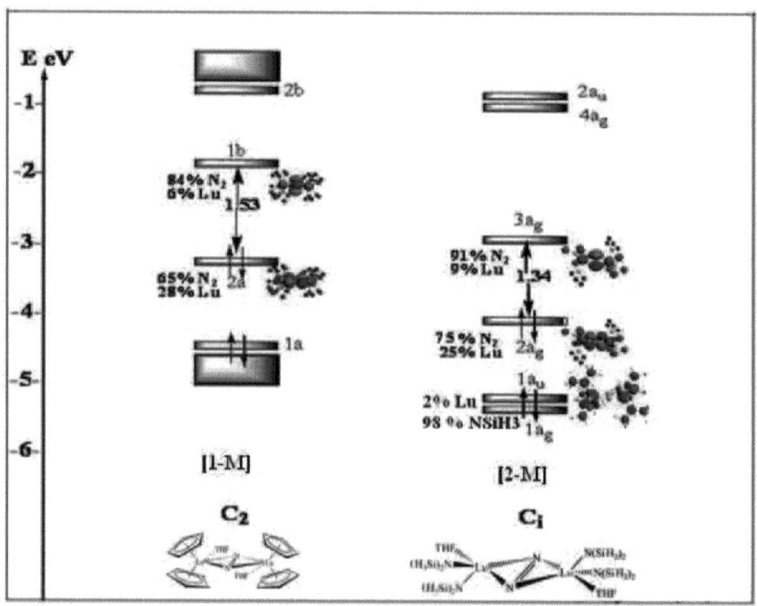

Figure I-2: *diagramme orbitalaire DFT des modèles (1-M) et (2-M)*

La composition des orbitales frontières de **(1-M)** et **(2-M)** est donnée dans le tableau I-2. Les hautes occupées (2a et 2a$_g$ de type π) de **(1-M)** et **(2-M)** respectivement sont délocalisées sur l'ensemble de la chaîne Lu-N$_2$-Lu avec une participation du groupe N$_2$ de 70% dans le premier, et 75% dans le deuxième, représentées sur la figure I-2.

	(1-M)			
OM	1a	2a	1b	2b
ε (eV)	-4.773	-3.312	-1.778	-0.322
Occupation	2	2	0	0
%Lu	4	30	6	57
%N$_2$	3	70	90	2
%O (THF)	0	0	0	0
%(C)	93	0	4	41

	(2-M)					
OM	$1a_u$	$1a_g$	$2a_g$	$3a_g$	$2a_u$	$4a_g$
ε (eV)	-5,729	-5,723	-4,402	-3,065	-1,180	-1.179
Occupation	2	2	2	0	0	0
%Lu	2	1	25	9	35	32
%N_2	0	0	75	91	0	2
%O(THF)	0	0	0	0	3	1
%(NSiH$_3$)	98	99	0	0	62	65

Tableau I-2 : *Energie, occupation et pourcentage atomique de quelques OM des modèles (1-M) et (2-M)*

Les HOMO et LUMO des modèles *(1-M)* et *(2-M)* de symétrie a de type π l'une perpendiculaire par rapport à l'autre et sont délocalisées sur l'ensemble Lu-N_2-Lu. Elles sont anti-liantes entre les deux azotes du pont et liantes entre le lutétium et l'azote (voir figure I-3).

L'analyse des orbitales moléculaires au voisinage de la HOMO et la LUMO dans les composés *(1-M)* et *(2-M)* montre que le comportement du Lutétium dans les deux modèles avec le pont N_2 est similaire et portent un caractère majoritaire azotique (voir le tableau I-2), une oxydation ou une réduction des deux composés affecteraient l'ensemble Lu-N_2-Lu.

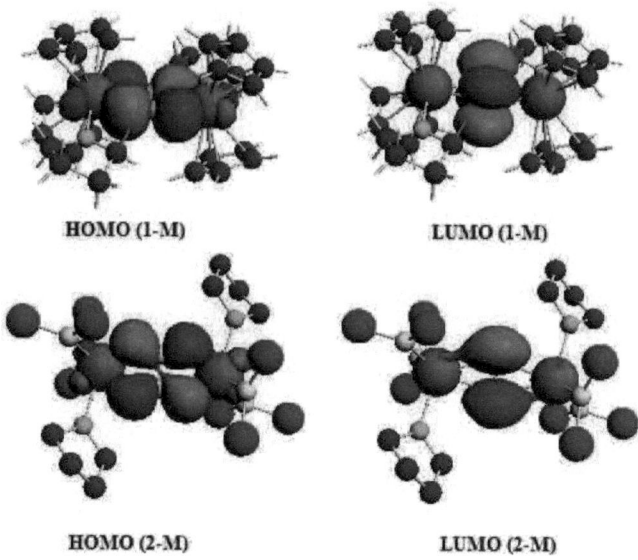

Figure I-3 : *Représentation de la HOMO et la LUMO des composés (1-M) et (2-M).*

L'étude orbitalaire a été menée afin de déterminer dans un premier temps les orbitales occupées des deux complexes *(1-M)* et *(2-M)*, en particulier les plus hautes en énergie HOMO. On a trouvé une similitude dans leur composition dans les deux modèles ce qui nous a permis de conclure que la liaison covalente métal-azote existe et qu'elle est identique dans *(1-M)* et *(2-M)*.

L'étude des charges nettes atomiques par analyse de Hirshfeld [21], sur ces modèles (voir tableau I-3) révèle également une similitude du pourcentage de la liaison ionique métal – azote (pont) dans les deux complexes.

Les charges de Hirshfeld

Modèle	Lu	N	O	N(Si)	Cp
(1-M)	0.542	-0.178	-0.093		-0.134
(1-M)$^{1+}$	0.593	-0.062	-0.103		-0.141
(2-M)	0.656	-0.185	-0.099	-0.408	
(2-M)$^{1+}$	0.715	-0.055	-0.104	-0.407	

Tableau I-3 *: Les charges de Hirshfeld*

Il est important de noter que la distance N – N dans le modèle *(2-M)* se trouve plus longue de 0,019 Å par rapport à la valeur dans *(1-M)* et reste dans l'intervalle d'une liaison double (N=N)$^{2-}$ (voir tableau I-1).

La présence d'orbitales moléculaires occupées (figure I-4) pour *(2-M)* portant un fort caractère azote des ligands environnants, montre la donation électronique des azotes des ligands aux azotes du pont. Ceci explique pourquoi la liaison N – N est plus longue dans *(2-M)* que dans *(1-M)*.

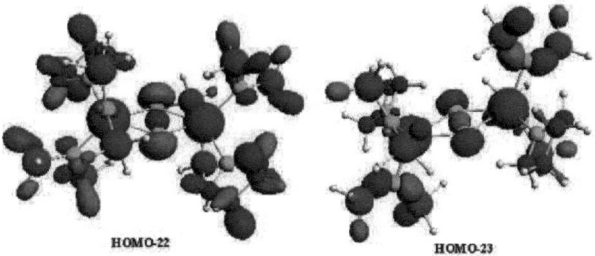

Figure I-4 *: Représentations des OM à caractère azote des ligands environnants du composé (1-M)*

I.6. L'oxydation des composés

La présence dans les deux complexes *(1-M)* et *(2-M)* des ligands donneurs d'électrons, enrichis les centres métalliques en électrons, d'une part et l'allure du diagramme orbitalaire DFT (voir figure II-2) de ces complexes indiquent que l'oxydation de ces complexes devrait être facile. En conséquence nous avons effectué des calculs DFT en spin polarisé sur les états triplets de ces espèces et les résultats de ce calcul sont groupés dans le tableau I-1.

Les études théoriques effectuées sur ces composés ont montré que l'oxydation correspond formellement au dépeuplement des HOMOs, pour notre situation celle ci est délocalisée sur l'ensemble du motif LuN_2Lu, avec une symétrie de type π ; antiliante entre N et N, et liante entre Lu et N. La composition de cette OM varie peu lors de l'oxydation de *(1-M)* et *(2-M)*, restant principalement délocalisée sur les quatre atomes du motif Lu_2N_2 c'est-à-dire sur les centres métalliques et le pont azoté (voir figure I-5).

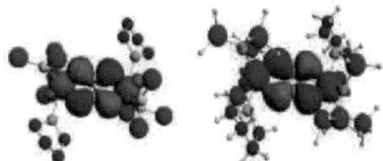

Figure I-5 *: Représentations des HOMOs de (1-M) et de $(1-M)^{1+}$ respectivement*

Les longueurs de liaisons interatomiques calculées dans les composés $(1-M)^{1+}$ et $(2-M)^{1+}$ varient lors de l'oxydation, en particulier les liaisons lutétium-azote et azote-azote (voir tableau I-1). Par exemple, l'oxydation des complexes *(1-M)* et *(2-M)*, provoque un allongement de Lu-N de 0,258 Å et 0,218 Å respectivement, ainsi qu'un raccourcissement de moins de -0,069 Å et -0,082 Å pour la liaison N-N dans *(1-M)* et *(2-M)* respectivement. Après oxydation la distance entre les deux métaux de lutétium a augmenté de 0,553Å dans le complexe $(1-M)^{1+}$ (0,472Å dans $(2-M)^{1+}$). La distribution de charges après oxydation est aussi en accord avec le changement de longueur de liaison c'est-à-dire que les valeurs absolues de la charge sur le lutétium augmentent et diminuent sur les azotes (voir tableau I-3). Ces variations de longueurs de liaisons de Lu-N et N-N au cours de l'oxydation de *(1-M)* et *(2-M)* (voir tableau I-1) sont en accord avec les propriétés nodales des HOMOs de *(1-M)* et *(2-M)*.

En effet, le processus d'oxydation correspond à la perte d'électrons des orbitales moléculaires occupées délocalisées sur l'ensemble de la chaîne LuN_2Lu. En conséquence, ce processus affecte à la fois les centres métalliques et le pont azoté.

I.7. Energie de dissociation de la liaison Lu-N dans *(1-M)* et *(2-M)*

L'analyse de la variation des BDE (*Band Dissociation Energy*) Lu—N dans les deux complexes *(1-M)* et *(2-M)* serait facilitée par une séparation de ses composantes (covalence σ, covalence π, ionicité, relaxation géométrique des fragments…). Malheureusement, une décomposition claire de l'énergie en ces différents termes n'est guère possible pour les complexes étudiés. Le logiciel ADF propose cependant une décomposition de l'énergie de liaison entre deux fragments moléculaires basée sur la procédure de l'état de transition développée par Ziegler [22].

L'énergie de dissociation BDE de la liaison Lu—N peut correspondre à une coupure homolytique, c'est-à-dire que l'énergie BDE est entre les fragments $[LuL_2THF]_2$ (L = C_5H_5 et $N(SiH_3)_2$) et N_2. L'avantage de cette approche est estimée l'interaction BDE entre le centre métallique et les atomes d'azotes comme la somme de contribution stabilisante d'interaction orbitalaire E_{orb}, de répulsion d'échange ou répulsion de Pauli E_{pauli}. L'expression de BDE est sous la forme suivant :

$$BDE = E_{elect} + E_{pauli} + E_{orb} = E_{orb\ +\ Pauli} + E_{elect}$$

Où; E_{elect} est le terme d'interaction électronique entre ces deux fragments dans la molécule non dissociée.

La procédure de décomposition de BDE homolytique par le code ADF pour les deux composés *(1-M)* et *(2-M)* est la suivante. Tout d'abord un calcul est effectué sur chacun des deux fragments considérés comme isolés. Les densités des fragments ainsi obtenues servent ensuite à calculer le terme d'interaction électrostatique (E_{elec}) entre ces deux fragments dans la molécule non dissociée. Cette contribution est plus stable dans le modèle *(1-M)* par rapport à *(2-M)* (voir tableau I-4). Ceci s'explique par le fait que le nuage électronique de N est plus ponctuel et plus proche du cation métallique dans le complexe *(1-M)* que *(2-M)*. On remarque par ailleurs que les comportements $[E_{orb}+E_{pauli}]$ sont déstabilisants.

	E_{elec}	$[E_{orb}+E_{pauli}]$	BDE
(1-M)	-16.72	11.83	-4.89
(2-M)	−16.18	11.93	−4.25

Tableau I-4 : *Décomposition en termes orbitalaires $[E_{orb}+E_{pauli}]$ et électrostatique E_{elec} des BDE dans (1-M) et (2-M) coupure homolytique de la liaison Lu—N*

I.8. Propriétés optiques des composés *(1-M)* et *(2-M)*

L'absorption de la lumière visible ou ultra-violette par une molécule provoque une excitation électronique qui entraîne des processus photophysiques de luminescence (retour à l'état fondamental par fluorescence ou phosphorescence), de conversions internes ou de croisements inter systèmes, et des processus photochimiques (rupture de liaison, isomérisation menant à de nouveaux produits dans leur état fondamental ou dans un état excité).

Les propriétés photophysiques et photochimiques des complexes organométalliques peuvent être révélées par des études théoriques. Le choix de la stratégie de calcul est la partie la plus délicate. En principe, la théorie de la fonctionnelle de la densité dépendante du temps (TDDFT : Time Dependent Density Functional Theory) [23-25] est une méthode de choix pour calculer les propriétés de réponse des matériaux, pour des perturbations dépendantes du temps. Deux quantités en rapport avec le spectre UV- visible sont accessibles à partir des calculs TDDFT, l'énergie de chaque transition électronique et la force d'oscillateur correspondante. Grâce à ces deux données, les spectres UV- visible sont ensuite simulés.

Le spectre UV/vis

Des calculs en TD-DFT ont été effectués sur les complexes bimétalliques *(1-M)* et *(2-M)*, dans le but de déterminer la nature des transitions électroniques et l'influence des ligands sur les propriétés optiques. Les spectres simulés UV-visible des deux composés calculés sont visualisés sur la figure II-6.

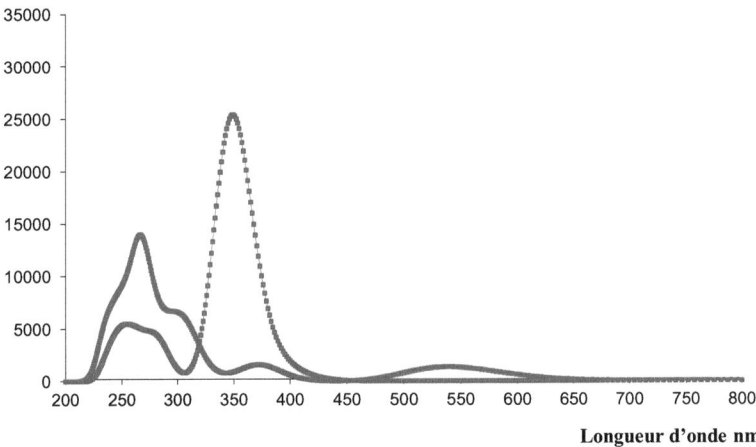

Figure I-6 : *Spectres UV-visible des composés (1-M) (courbe verte) et (2-M) (rouge)*

Ces deux complexes absorbent dans le même domaine de longueurs d'onde. Afin de comprendre ce phénomène, nous avons essayé d'analyser l'allure des spectres en fonction de la structure des composés correspondants. Le spectre du composé *(1-M)* présente deux bandes d'absorption distinctes sont visibles sur le spectre simulé (voir figure I-6). La première, large et de faible intensité, est portée sur un intervalle important. Elle résulte essentiellement d'excitations électroniques des orbitales situées sur les ligands HOMO(-2, -1, -2, -4) vers la LUMO(+1, +3, +2, +1) respectivement localisées sur le métal et les ligands (voir figure II-7), ces transitions sont de nature LMCT. La transition HOMO-3 vers LUMO+2 est de type ICT.

Longueur d'onde (nm)	Composition	Caractère
Complexe (1-M)		
253.16	HOMO-2→LUMO+1	Cp→ métal
255.10	HOMO-1→LUMO+3	Cp→ métal
	HOMO-2→LUMO+2	Cp→ métal
256.41	HOMO-3→LUMO+2	Cp→ métal
	HOMO-4→LUMO+1	Cp→ métal
348.43	HOMO→LUMO+5	N_2→ métal
	HOMO-7→LUMO	Cp→N_2
Complexe (2-M)		
266.67	HOMO→LUMO12	N2 pont →métal
302.11	HOMO→LUMO+5	N2 pont →métal
371.75	HOMO→LUMO+1	N2 pont →métal N
	HOMO-5→LUMO	Ligand→ N2 pont
537.63	HOMO-3→LUMO	N Ligand→ N2 pont
575	HOMO-1→LUMO	N Ligand→ N2 pont

Tableau I-5 : *contribution et caractère des transitions électroniques lors de l'excitation des composés (1-M) et (2-M).*

La deuxième bande (pics) deux fois plus intense que celle de la première transition apparaît à ~ 348 nm. C'est la transition HOMO vers LUMO+5. La HOMO est localisée sur le métal et l'azote et la LUMO+5 est située sur le métal et les ligands Cp. Cette transition est à caractère ICT.

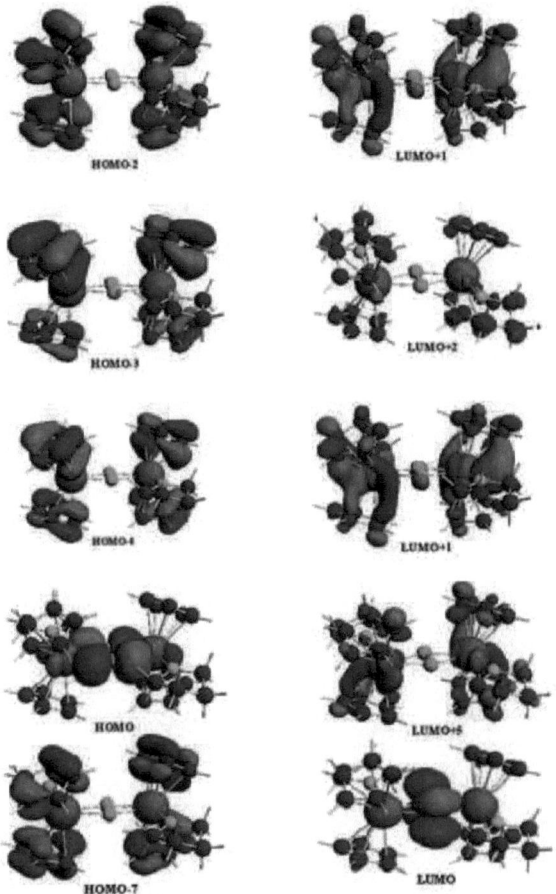

Figure I-7 *: Représentation des orbitales du composé (1-M) qui sont responsables des transitions électroniques*

Les excitations du composé **(2-M)** correspondent à trois bandes d'absorption (voir figure I-6).La première se positionne à 267 nm (voir tableau I-6), est attribuée à une excitation des électrons entre deux orbitales, la HOMO située sur le lutétium et les azotes du pont, et l'orbitale LUMO+12 centrée sur le lutétium, une autre bande deux fois moins importante que celle de la première transition , n'étant pas assez éloignée en énergie, elles forment une seule enveloppe, cette dernière résulte de la transition de la HOMO vers la LUMO + 5 (voir figure I-8), ces transitions sont à caractère ICT. Une deuxième bande qui apparaît à la longueur d'onde 371 nm, correspond principalement à la transition HOMO vers la LUMO + 1, les excitations à cette énergie sont attribuées à un transfert électronique du lutétium et du pont N_2 vers le métal et les ligands, c'est une transition de nature ICT (intra charge transfert).

La dernière bande de faible intensité, apparaît à 537 nm, c'est la transition HOMO-3 (HOMO -1) vers LUMO (voir figure I-8) est située sur N_2 du pont et correspond aussi à une transition ICT

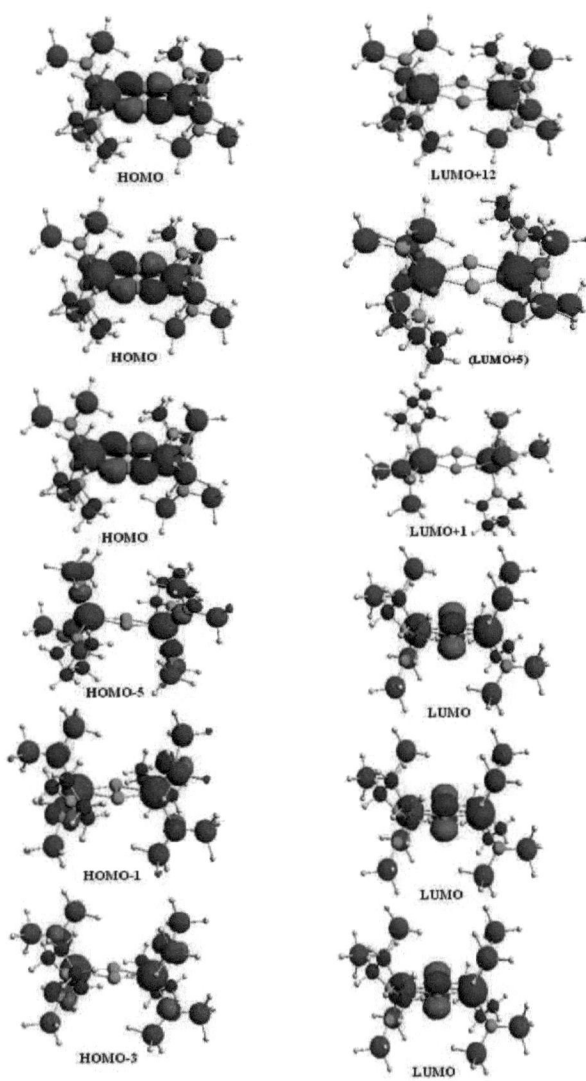

Figure I-8 : *Représentation des orbitales du composé (2-M) qui sont responsables des transitions électroniques*

I.9. Magnétisme moléculaire

I.9.1. Equations et définitions

Les propriétés magnétiques des systèmes moléculaires découlent directement de la nature des interactions s'instaurant au sein de la structure [26]. Les mouvements des charges négatives sur les électrons et des charges positives sur les noyaux sont à l'origine des propriétés magnétiques d'une substance.

Le spin d'un électron peut être comparé à une petite barre aimantée. Le mouvement orbitalaire, qui est une circulation de charge autour du noyau, est semblable à l'aimantation d'un solénoïde. Ainsi l'électron ressemble à un aimant pouvant interagir avec un champ magnétique, ce qui produit une levée de dégénérescence de spin et d'orbitales [27].

La grandeur qui résume les propriétés magnétiques d'une substitution est *La susceptibilité magnétique*, notée χ définie comme suit :

Lorsqu'un électron (ou un échantillon) est placé dans un champ magnétique homogène $\vec{H}$, il acquiert une magnétisation $\vec{M}$ (appelée aussi le moment magnétique molaire) reliée à $\vec{H}$ par :

$$\chi = \frac{\delta \vec{M}}{\delta \vec{H}} \qquad (I-1)$$

Dans le cas où le champ magnétique est faibles, χ vaudra :

$$\chi = \frac{\vec{M}}{\vec{H}} \qquad (I-2)$$

Dans le système international SI, $\vec{H}$ et $\vec{M}$ s'expriment en A.m^{-1}, tandis que la susceptibilité magnétique est sans unité. Par contre, la susceptibilité magnétique molaire très utilisée s'exprime en mol^{-1}. Elle est la somme de deux contributions, due au diamagnétisme et au paramagnétisme :

$$\chi_M = \chi_M(dia) + \chi_M(para) \qquad (I-3)$$

Pour toutes les substances, il existe une contribution faible et négative de χ_M liée au mouvement des noyaux et indépendante de la température ; c'est le dia magnétisme. La substance est repoussée sous l'effet du champ magnétique $\vec{H}$.

Les entités chimiques ayant un moment angulaire permanent de spin ou orbitalaire, présentent un paramagnétisme caractérisé par une susceptibilité $\chi_M(para)$ dont la valeur varie souvent de manière inversement proportionnelle à la température.

$$\chi_M = \chi_M\,(dia) + \chi_M(para)$$
$$< 0 \qquad\qquad > 0$$
$$\neq f(T) \qquad = f(\frac{1}{T})$$

La susceptibilité magnétique est une donnée accessible expérimentalement par un suivi des propriétés magnétiques.

L'utilisation de l'hamiltonien Heisenberg de spin $\hat{H}$ qui prend en compte les interactions d'échanges magnétiques entre les spins ainsi que leurs interactions avec le champ magnétique appliqué (effet Zeeman). $\hat{H}$ s'écrit alors :

$$\hat{H} = \hat{H}_{Zee} + \hat{H}_{Ech} \qquad (I\text{-}4)$$

L'Hamiltonien « Zeeman » qui reflète l'interaction entre le champ magnétique et les moments angulaires électriques, se développe sous la forme suivante:

$$\vec{H}_{Zee} = \beta g \hat{S} \vec{H} \qquad (I\text{-}5)$$

β étant le magnéton de Bohr égal à 9,27.10-4 A.m^2, g le rapport gyromagnétique de l'électron, $\hat{S}$ est l'opérateur du moment de spin $\hat{S} = \sum_i \hat{s}_i$ somme des moments individuels de spin du système $\hat{s}_i$.

Quant aux interactions magnétiques entre les spins, elles sont décrites par l'Hamiltonien d'échange de Heisenberg-Dirac-van Vleck, H_{HDVV} [28-29] :

$$H_{HDVV} = -2J\hat{S}_A\hat{S}_B \qquad (I\text{-}6)$$

J étant la constante de couplage. Son signe permet de classer les interactions en deux types : pour les valeurs de J négatives, les interactions sont antiferromagnétiques, tandis que pour les valeurs positives, elles sont ferromagnétiques.

Dans cette partie de la thèse, le magnétisme moléculaire sera étudié à partir du calcul de la constante de couplage *J* entre deux ions métalliques voisins dans les complexes *(1-M)* : [(C$_5$Me$_4$H)$_2$ Lu THF] $_2$ et *(2-M)* : {THF[N(SiMe$_3$)$_2$]$_2$Lu}$_2$.

I.9.2. Evaluation du couplage magnétique par la technique de brisure de symétrie

L'évaluation des constantes du couplage (J_s) en méthode DFT dans des systèmes organométalliques binucléaires a fait l'objet de nombreuses études ces dernières années. Suite aux travaux de L.Noodleman sur la technique de brisure de symétrie [30-31], de nouveaux développements ont été récemment publiés [32]. Rappelons que la brisure de symétrie permet la localisation des spinorbitales sur chaque extrémité du dimère, et ainsi une meilleure estimation de l'énergie de l'état singulet comparée à celle obtenue pour un système symétrique. E_{BS} et E_{HS} étant les énergies de liaisons totales respectivement de l'état singulet en symétrie brisée et de l'état triplet.

$$J_s = \frac{J_{DFT}}{1+S_{AB}^2} \qquad (I\text{-}7)$$

Où ;

$$J_{DFT} = 2(E_{BS} - E_{HS}) \qquad (I\text{-}8)$$

S_{AB} est l'intégrale de recouvrement entre les orbitales magnétiques A et B de la solution de la symétrie brisée. Un moyen a été proposé pour estimer cette valeur grâce à la population de spin sur les centres métalliques de l'état singulet en symétrie brisée et de l'état triplet (respectivement P_{BS} et P_{HS}).

$$S_{AB}^2 = P_{HS}^2 - P_{BS}^2 \qquad (I\text{-}9)$$

Aux niveaux du programme ADF, les populations de spin sont calculées selon l'approximation de Mulliken. Il nous a semblé intéressant d'appliquer ces équations à un de nos composés que nous avons étudié. Dans l'approximation BS, on se basant sur l'hypothèse que dans la fonction d'onde BS les spins α et β sont localisés sur les deux centres métalliques. Avec ADF, il est possible d'imposer la polarisation de spin sur chaque centre magnétique.

Afin de pouvoir estimer les constantes de couplage magnétiques dans nos modèles, nous avons entrepris le calcul des états de bas spin des espèces *(1-M)* $^{2+}$ et *(2-M)* $^{2+}$ en symétrie brisée.

	P_{HS}	P_{LS}	S_{AB}^2	$E_{HS}(eV)$	$E_{BS}(eV)$	$J_{DFT}(eV)$	$J_S\,(cm^{-1})$
$(1\_M)^{2+}$	0.995	0.995	0.0004	-733.952	-733.974	-0.044	-355
$(2\_M)^{2+}$	1.540	1.535	0.0159	-741.766	-741.437	0.658	5222

Tableau I-4: *valeurs absolues des populations de spin des atomes de Lu et énergies totales de liaisons des états haut spin (HS) et singulet en symétrie brisée (BS) de l'espèce $[Lu-Lu]^{2+}$. Les constantes de couplage magnétiques $J_{DFT}(eV)$ et $J_S(cm^{-1})$ sont calculées suivant les équations (8) et (9). S_{AB}^2 carré de l'intégrale de recouvrement.*

Dans le model *(1-M)$^{2+}$* nous avons trouvé que l'état singulet en symétrie brisée est plus stable que l'état triplet et le contraire dans le complexe *(2-M)$^{2+}$* c'est-à-dire HS est plus stable que l'état BS. Les équations (8) et (9) permettent de donner une estimation du couplage magnétique en fonction de l'énergie totale des complexes bas spin et haut spin et de la population de spin des atomes de Lutétium des états précédemment décrits. Un fort couplage ferromagnétique est calculé pour le modèle *(2-M)$^{2+}$* (Js= 5222 cm^{-1}, voir tableau II-4). Mais dans le cas du complexe *(1-M)$^{2+}$* les calculs de J_s ont conduit à une constante de couplage antiferromagnétique d'une valeur -355 cm^{-1}.

Ces résultats montrent qu'il y a un effet du ligand sur les propriétés magnétiques des complexes *(1-M)* et *(2-M)*. Ceci est clairement reflété dans les valeurs obtenues de la constante de couplage J_s. Les paramètres géométriques étant fixés lors de ce calcul.

I.10. Conclusion

Dans ce chapitre nous avons fait l'étude structurale des composés homobimétalliques, pontés par deux atomes d'azote. La formule générale de ces composés est [$(C_5H_5)_2$ Lu THF] $_2(\mu$-η^2:η^2N_2) = *(1-M)* et {THF[N(SiH$_3)_2]_2$Lu}$_2(\mu$-η^2:η^2N_2) = *(2-M)*. Après avoir traité ces composés, nous avons axé notre étude sur leur oxydation en *(1-M)$^{1+}$* et *(2-M)$^{1+}$*. Notre travail nous a permis de montrer que la facilité à oxyder les deux systèmes, peut être rationalisée par les énergies et la nature des orbitales moléculaires les plus hautes occupées (HOMO), relativement hautes en énergie et largement séparées des autres orbitales vacantes et occupées. Théoriquement, ces composés devraient être capables de perdre un ou deux électrons. L'oxydation des composés *(1-M)* et *(2-M)* a conduit à un allongement des liaisons métal-azote (caractère liant) et un raccourcissement des liaisons azote-azote à caractère antiliant.

Nous avons également traité les propriétés optiques des composés neutres et nous avons conclu que les propriétés optiques, en particulier la luminescence, est étroitement liée à l'arrangement structural et à la nature des atomes liés. La transition LMCT est totalement absente dans le complexe *(2-M)* et la transition ICT (Cp$\rightarrow$ métal) caractérise le complexe *(1-M)*.

Afin de pouvoir estimer les constantes de couplage magnétiques dans nos composés, nous avons entrepris le calcul des états de bas spin des espèces *(1-M)$^{2+}$* et *(2-M)$^{2+}$* en symétrie brisée. Les calculs ont montré un couplage antiferromagnétique pour le composé *(1-M)$^{2+}$* et un couplage ferromagnétique pour *(2-M)$^{2+}$*.

I.11. Bibliographie

[1] D. A. Skoog, F. J. Holler, T. A. Nieman; « Principes d'analyse instrumentale » ; de boeck (2003).

[2] W. J. Evans, D. S. Lee, D. B. Rego, J. M. Perotti, S. A. Kozimor, E. K. Moore, J. W. Ziller, J. AM. CHEM. SOC. 126 (2004).

[3] W. J. Evans, G. Zucchi, J. W. Ziller, J. AM. CHEM. SOC. 125 (2003).

[4] W. J. Evans, D. S. Lee, J. W. Ziller, J. AM. CHEM. SOC. 126 (2004).

[5] W. J. Evans, D. S. Lee, C. Lie, J. W. Ziller, Angew. Chem. 116 (2004).

[6] D. C. Bradley, J. S. Ghotra, F. A. Hart, *J. Chem. Soc., Dalton Trans.* 1021 (1973).

[7] Morss, L. R. Chem. ReV 76 (1976).

[8] G.Meyer, M. S. Wickleder, *Handbook on the Physics and Chemistry of Rare Earths, 28* (2000).

[9] G. Meyer, L. R. Morss, Eds. *Synthesis of Lanthanide and Actinide Compounds.* 159 (1991).

[10] B. A MacKay, M. D. Fryzuk, *Chem. ReV 104* (2004).

[11] D. V. Yandulov, R. R. Schrock, *Science, 301* (2003).

[12] J. C.Peters, J. P. F. Cherry, J. C. Thomas, L. Baraldo, D. J. Mindiola, W. M. Davis, C. C. Cummins, *J. Am. Chem. Soc. 121* (1999) .

[13] I. Korobkov, S. Gambarotta, G. P. A. Yap, *Angew. Chem., Int. Ed. 42* (2003).

[14] J. A. Pool, E. Lobkovsky, P. J. Chirik, *Nature. 427(* 2004).

[15] T. A. Betley, J. C. Peters, *J. Am. Chem. Soc.125 (* 2003).

[16] W. J. Evans, D. S. Lee, D. B. Rego, J. M. Perotti, S. A. Kozimor, E. K. Moore, J. W. Ziller, J. AM. CHEM. SOC. 126 (2004) .

[17] P. M. Boerrigter, G. te Velde, E. J. Baerends; Int. J. Quantum Chem ; 33,87(1988).

[18] G. te Velde, E. J. Baerends ; J. Comput. Phys ; 99, 84(1992).

[19] E. J. Baerends et al. Amsterdam Density Functional (ADF) program, version 2.3, Vrije Universiteit, Amsterdam, Pays Bas(1997).

[20] L.V erluis and T.Zie gler, J. Chem. Phys. 88, 322 (1988).

[21] Hirshfeld, F. L. Theo. Chem. 44, 129 (1977).

[22] T. Ziegler, D. R. Salahub, N. Russo (eds.) « Metal-ligand interaction : from atoms, to clusters, to surfaces » ; Kluwer: Dordrecht(1992).

[23] M. E. Casida, H. Chermette, D. Jacquemin, THEOCHEM ,914, 1 (2009).

[24] M. E. Casida, THEOCHEM. 914, 3 (2009).

[25] M. A. L. Marques, A. Rubio, Phys. Chem. Chem. Phys. 11(22), 4421(2009).

[26] O. Kahn; *«Molecular Magnetism»*; Wiley - VCH (1993).

[27] S. F.A. Kettle, C. Michaut ; *« Physico-chimie inorganique»* ; De Boeck Supérieur (1999).

[28] W. Heisenberg, Z. Phys ; 49, 619(1928).

[29] L. E. Roy, T.Hughbanks; J. Am. Chem. Soc. 128, 568 (2006).

[30] J.G. Jr. Norman, P.B. Ryan, L. Noodelman; J.Am.Chem.Soc., 102, 4279(1980).

[31] L. Noodleman; J. Chem. Phys., 74, 5737(1981).

[32] A. Bencini, D. Gatteschi , M. Mattesini, F. Totti, I. Ciofini ; Mol. Crys. And Liq.Cryst ; 335, 665(1999).

Bonding and Electronic Structure in [THFL$_2$Lu]$_2$(μ-η^2:η^2N$_2$) L = N(SiMe$_3$)$_2$ and C$_5$Me$_4$H Computational Analysis of the Ligand Effect

D. Hannachi*, N. Ouddai*, A. Ounissi, A. May, and H. Benflis

Université de Batna, 05000-Algérie

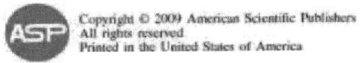

The purpose of our work is to present a theoretical comparative study of these compounds based on lutetium, according the nature of the surrounding ligands [THF(C$_5$Me$_4$H)$_2$Lu]$_2$(μ-η^2:η^2N$_2$) (1) [THF(N(SiMe$_3$)$_2$)$_2$Lu]$_2$(μ-η^2:η^2N$_2$) (2). Quantum calculations, carried out using DFT and TD-DFT methods, enabled us to establish a correlation between the structural arrangement of these compounds and their physical properties, in particular the luminescence. The effect of the surrounding ligands on the nitrogen–nitrogen bond of the bridge is well verified. The application of the DFT broken symmetry approach in the study of binuclear systems has been carried out in the aim of quantifying the exchange constants of which the determination using the traditional magnetochemical measurements is thought to be difficult.

Keywords: Electronic Structure, DFT Calculation, Broken Symmetry, Ferromagnetic, Anti-Ferromagnetic.

1. INTRODUCTION

The luminescent lanthanide complexes have attracted a lot of attention due to their potential applications in fluorescent materials, electroluminescent devices, and medicinal diagnostics, etc.[3, 4] J. Evans William, S. Lee David et al., reported the synthesis and the X-ray structure of dilutetium complexes 1 and 2 in Refs. [1, 2], respectively (see Scheme 1). In this paper, we apply a variety of DFT computational methods to questions of bonding and electronic structure in the dilutetium complexes 1 and 2.

2. COMPUTATIONAL METHODS

DFT calculations were performed with the Amsterdam Density Functional package ADF[5] on models (1-M)$^{+n}$ and (2-M)$^{+n}$ which were used in order to reduce computational effort. Methyl group of (1)$^{+n}$ and (2)$^{+n}$ were replaced by hydrogen atoms. The geometries were fully optimized in C$_2$ symmetry for (1-M)$^{+n}$ and in Ci symmetry for (2-M)$^{+n}$ without constraints. Electron correlation was treated within the general gradient approximation (GGA), relativistic correlations were added using the zeroth order regular approximation (ZORA) Slater hamiltonien.[6] Uncontracted triple-ζ Slater-type valence orbitals with one set of polarization functions were used for all atoms. The frozen core approximation was used.

3. DFT ANALYSIS

The theoretical investigation was conducted at the DFT level on the model [THF (C$_5$H$_5$)$_2$Lu]$_2$(μ-η^2:η^2N$_2$) (1-M)$^{+n}$ [THF(N(SiH$_3$)$_2$)$_2$Lu]$_2$(μ-η^2:η^2N$_2$) (2-M)$^{+n}$ n = 0–2. Optimized distances and angles computed for the neutral and cationic models are given in Table I. A comparison with available experimental data (see Table I) reveals good agreement, allowing some confidence with respect to the reliability of the computational methods employed. The HOMO in (1-M) and (2-M) (2a and 2a$_g$ is 30% and 25% metal, and 70% and 75% nitrogen character respectively) see Table II. Clearly, oxidation should affect bonding over the entire LuN2Lu linkage. Indeed, upon going from (1-M) to the radical cation (1-M)$^{+1}$, the N–N bond shortens and the Lu–N bond elongates (Table I), this can be rationalized by the nodal properties of the HOMO computed for (1-M) and (2-M). The presence of a molecular orbital occupied HOMO-22 and HOMO-23 (Fig. 1) for the model (2-M) having a strong character nitrogenizes the surrounding ligands, shows the electronic donation from the nitrogen of the ligands to nitrogen of the bridge. This explains why the bond N–N is longer in (2-M) then in (1-M).

*Author to whom correspondence should be addressed.

Bonding and Electronic Structure in [THFL$_2$Lu]$_2$(μ-η^2:η^2N$_2$) L = N(SiMe$_3$)$_2$

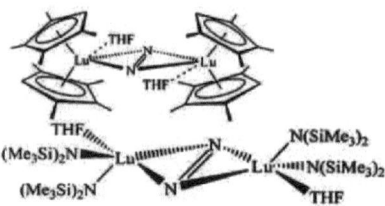

Scheme 1.

Fig. 1. DFT contour plots of the frontier orbitals of the (2-M).

Table I. Selected DFT optimized distances (Å), Hirshfeld charge and angles (°) for models complexes (1-M)$^{+n}$ and (2-M)$^{+n}$ $n = 0, 1$.

Complex	Bond distances (Å)	
	N–N	Lu–N
(1-M)	1.249	2.319
	1.243^a(12)^b	2.300(6)
(1-M)$^{+1}$	1.180	2.577
(2-M)	1.268	2.296
	1.285(4)	2.257(2)
(2-M)$^{+1}$	1.186	2.514

Complex	Hirshfeld charge	
	Lu	N
(1-M)	0.542	−0.178
(1-M)$^{+1}$	0.593	−0.062
(2-M)	0.656	−0.185
(2-M)$^{+1}$	0.715	−0.055

Complex	Bond angles (°)	
	Lu–N–Lu–N	N–Lu–N
(1-M)	1.5	31.2
(2-M)	0.0	32.0

^{a}Corresponding experimental distances are given in italics when available. ^{b}Average distance. ^{c}Cp centroid.

Table II. Energies (ε, eV) and percentage compositions of selected orbitals (MO) in the HOMO-LUMO region of models (1-M) and (2-M).

	(1-M)			(2-M)		
OM	1a	2a	1b	1ag	2ag	3ag
ε (eV)	−4.77	−3.31	−1.78	−5.72	−4.40	−3.06
occu	2	2	0	2	2	0
%Lu	4	30	6	1	25	9
%N2	3	70	90	0	75	91

4. POPULATION ANALYSIS

Table I shows the atomic net charges for (1-M)$^{+n}$ and (2-M)$^{+n}$ obtained using the Hirshfeld analysis.[7] In two neutral complexes, the nitrogen atoms are negatively charged, interestingly, the total negative charge of the N2 link is nearly constant regardless of the attached metal atoms, suggesting that Cp and N(SiH$_3$)$_2$ ligands are involved in supplying charge to N2 link. An observation, the differ-

ent lutetium ligands and the nitrogen charges in the (1-M) establish a somewhat polarized structure (Table I).

Table III. Homolytic bond energies (BDE) and bond energy decomposition of the Lu–N bond in (1-M) and (2-M).

	E_{elec}	$|E_{orb} + E_{pauli}|$	BDE
(1-M)	−16.72	11.83	−4.89
(2-M)	−16.18	11.93	−4.25

5. ENERGY DECOMPOSITION OF THE Lu–N BOND IN (1-M) AND (2-M)

The Lu–N bond dissociation energy was computed for (1-M) and (2-M), considering an hemolytic process, i.e., The bonding energy (BDE) between [LuL$_2$THF]$_2$ (L = C$_5$H$_5$ and N(SiH$_3$)$_2$) and N$_2$ fragments. The advantage of this approach is to estimate the interaction energy BDE between the metal centers and the nitrogen atoms as the sum of the energy contributions of the stabilizing orbital interaction E_{orb}, and repulsion interactions E_{pauli} BDE = $E_{elec} + E_{orb} + E_{pauli}$. The procedure of decomposition of BDE by ADF is as follows: a calculation is carried out on each of the two fragments considered as isolated. The densities of the fragments are used to calculate the electrostatic interaction; this contribution is more stabilizing in (1-M) than in (2-M) (Table III). Comparison of the BDE values (Table III) computed for the two complexes indicates that the Lu–N bond is slightly stronger in (1-M) than in (2-M) (−4.89 and −4.25 eV respectively). Note that a stronger attractive electrostatic interaction is computed for (1-M) that for (2-M) (Table III), the lutetium-nitrogen bonding presents a weak ionic character in (1-M).

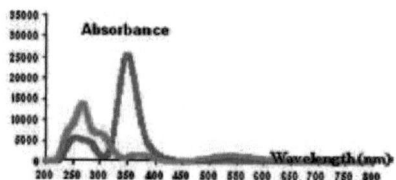

Fig. 2. UV-vis absorption spectra of complexes (1-M) (green) and (2-M) (red).

Table IV. Main calculated optical transitions for (1-M) and (2-M).

Wavlengh (nm)	Composition	Character
Complex (1-M)		
253	HOMO-2 → LUMO+1	Cp → metal LMTC
256	HOMO-3 → LUMO+2	Cp → metal LMTC
	HOMO-4 → LUMO+1	Cp → metal LMTC
348	HOMO → LUMO+5	N_2 → metal ICT
	HOMO-7 → LUMO	Cp → N_2 ICT
Complex (2-M)		
267	HOMO → LUMO+12	N2 → metal ICT
362	HOMO-5 → LUMO	N2 → metal ICT
372	HOMO → LUMO+1	N Ligand → N2 ICT
538	HOMO-3 → LUMO	N Ligand → N2 ICT

6. UV/VIS SPECTROSCOPY

The absorption spectra reported in Figure 2 are dominated in the UV-visible regions by absorption features which are given in Table IV. Generally, these bands can be assigned to ICT (intra molecular charge transfer) and LMTC (ligand to metal charge transfer).[8] Figures 3 and 4 show the plots of the most representative molecular frontier orbital in the ground states of (1-M) and (2-M) respectively. The transitions of the (1-M) are strongly bathochromically shifted compared with those of (2-M) (see Fig. 2). (2-M) has a small gap (see Table II) and the dihedral angle is 0.0° (see Table I), for this (2-M) is strongly luminescent compared with (1-M).

7. MAGNETIC COUPLING CONSTANTS

The exchange interaction between two paramagnetic centers is described using the H-Dirac-Van Vleck spin

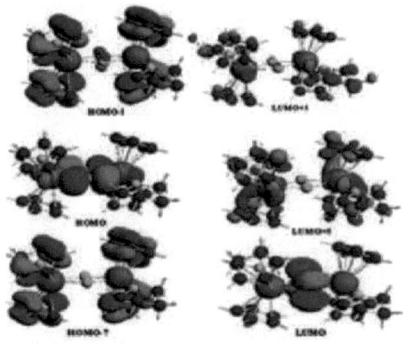

Fig. 3. Frontier molecular orbitals of (1-M).

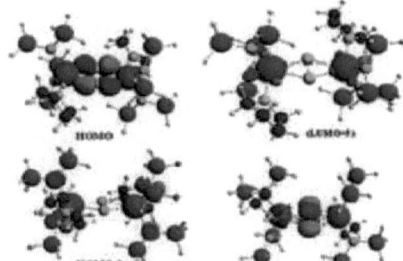

Fig. 4. Frontier molecular orbitals of (2-M).

hamiltonian[9]

$$\hat{H} = J_s \hat{S}_i \hat{S}_j \quad (1)$$

Where J_s is the magnetic coupling constant describing the spin exchange between different spin states $\hat{S}_i$ and $\hat{S}_j$ are the total spin operators for atoms i and j. The effective Hamiltonian is defined such that for the sign of the magnetic coupling constant, J_s is positive for ferromagnetic coupling and negative for an anti-ferromagnetic interaction. The magnetic coupling constant J_s can be evaluated as:

$$J_s = J_{DFT}/(1+S_{ij}^2) \quad (2)$$

Where S_{ij}^2 is the integral of covering between magnetic orbitals i and j

$$S_{ij}^2 = P_{HS}^2 - P_{LS}^2 \quad (3)$$

$$J_{DFT} = 2(E_{LS} - E_{HS}) \quad (4)$$

Where E_{HS} is the energy that corresponds to the state with the highest total spin, E_{LS} corresponds to the state with the lowest total spin ($S = 0$), and P is the Mulliken population. In the case of the complex 1^{+2}, the low state is more stable than the high state, and antiferromagnetic coupling (-355 cm^{-1}) (see Table V). For the second complex 2^{+2}, calculations predict ferromagnetic coupling J_S (5222 cm^{-1}) (see Table V).

Table V. Population atomic spin of the lutetium $P(Lu)$, total bond energy (E) of the high-spin state (HS) and low-spin state (single) (LS) for the complexes [THF(C_5Me_4H)$_2$Lu]$_2$(μ-η^2:η^2N$_2$) and [THF{N(SiMe$_3$)$_2$}$_2$Lu]$_2$(μ-η^2:η^2N$_2$)$^{+2}$. J_{DFT} (eV) and J_S (cm-1).

	P_{HS}	P_{LS}	S_{AB}^2	E_{HS} (eV)	E_{LS} (eV)	J_{DFT} (eV)	J_S (cm^{-1})
1^{+2}	0.995	0.995	0.0004	733.952	733.974	0.04 4	355
2^{+2}	1.540	1.535	0.0159	741.766	741.437	0.65 8	5222

8. CONCLUSION

The calculations DFT and TDDFT have allowed a detailed understanding of the electronic structure, absorption spectra and magnetic properties of the two complexes. N–N bond lengths can in turn be rationalized by the properties of the orbitals HOMO-22 and HOMO-23 in model (2-M). The LMCT transition completely absent in (2-M). Quantum-chemical calculations predict ferromagnetic coupling of 2^{+2} and antiferromagnetic in the complex 1^{+2}.

Acknowledgments: We thank the "Laboratoire de chimie du solide et inorganique moléculaire université de Rennes-1" for computing facilities.

References

1. W. J. Evans, D. S. Lee, and M. A. Johnston, *Organometallics* 24, 6393 (**2005**).
2. W. J. Evans, D. S. Lee, and D. B. Rego, *J. Am. Chem. Soc.* 126, 14574 (**2004**).
3. C. Reinhard and H. U. Güdel, *Inorg. Chem.* 41, 1048 (**2002**).
4. S. Viswanathan and A. de Bettencourt-Dias, *Inorg. Chem.* 45, 10138 (**2006**).
5. E. J. Baerends, D. E. Ellis, and P. Ros, *Chem. Phys.* 2, 41 (**1973**).
6. L. Verluis and T. Ziegler, *J. Chem. Phys.* 88, 322 (**1988**).
7. F. L. Hirshfeld, *Theo. Chem.* 44, 129 (**1977**).
8. W.-W. Zhang, Y.-G. Yu, Z.-D. Lu, W.-L. Mao, and Y.-Z. Li, *Organometallics* 26, 865 (**2007**).
9. L. E. Roy and T. Hughbanks, *J. Am. Chem. Soc.* 128, 568 (**2006**).

Received: 13 January 2009. Accepted: 26 February 2009.

Chapitre II

Etude des triflates de Lanthanides $Ln(OTf)_3$

II.1. Introduction

Les réactions catalysées par des acides de Lewis sont d'un grand intérêt, car elles permettent des réactivités et des sélectivités intéressantes sous des conditions douces [1,2]. D'une manière générale, les acides de Lewis tels que $AlCl_3$, BF_3, $TiCl_4$, $SnCl_4$..., sont utilisés, mais nécessitent souvent une quantité surstoechiométrique. De plus ces acides de Lewis sont sensibles à l'humidité et se décomposent ou se désactivent facilement en présence de traces d'eau. Ils ne peuvent pas être recyclés après réaction.

La recherche de nouveaux acides de Lewis plus réactifs où le contre-ion serait moins coordin permettrait d'utiliser ces catalyseurs en plus faible quantité. Cet aspect permettrait de réduire le coût des réactifs utilisés et de diminuer les déchets métalliques occasionnés en fin de réaction, ce qui a des conséquences importantes sur l'environnement et le développement de nouveaux procédés chimiques.

En 1991 apparaissent les premiers acides de Lewis tolérants, non réactifs à l'humidité, thermiquement stables et solubles dans les solvants organiques, sont: les triflates de lanthanides $Ln(OTf)_3$ [3,4]. Vinrent ensuite non seulement les triflates du Lanthane au Lutétium mais aussi du scandium (Sc) et d'yttrium (Y) qui se révélèrent être stables dans l'eau. Les triflates métalliques sont des sels désormais utilisés en quantité catalytique dans de nombreuses réactions en remplacement des acides de Lewis classiques. Dans ce chapitre, nous allons étudier les différentes propriétés des triflates de lanthanides à l'aide de calculs théoriques en utilisant le logiciel ADF 2008.

II.2. Triflates de Lanthanides

II.2.1. Structure moléculaire

Les triflates de lanthanide se composent d'un lanthanide cation (III) d' un élément 4f de la table périodique lié à trois ions de triflates. Le mot triflate est une contraction de trifluorométhanesulfonate, sa formule moléculaire est $[CF_3SO_3]^-$, et est généralement indiqué « OTf ».

L'anion triflate possède un groupe à liaison hydrogène (- SO_3) et un groupe hydrophobe (-CF_3). Avec une faible basicité, c'est un faible agent complexant avec la plupart des cations métalliques, également avec les cations lanthanides en solution aqueuse et aux températures élevées [5-7].

II.2.2. Synthèse des complexes

En 1966 le groupe de Spedding et al. décrient la synthèse classique des triflates des lanthanides [8], celle-ci est reprise par Xiao et Tremaine en 1996 [9-10]. La figure II -1 illustre le principe de cette synthèse.

Les triflates des lanthanides sont obtenus par réaction à chaud (80°C) entre l'acide triflique HOTf et l'oxyde de lanthanide Ln_2O_3. L'avancement de la réaction est contrôlé par la mesure du pH.

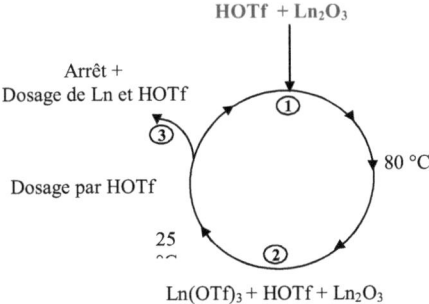

Figure II-1 : *Schéma de la synthèse des triflates des lanthanides*

Le procédure de préparation classique (1966) des triflates des lanthanides est le suivant : Dans un réacteur est introduite une solution d'acide triflique (Fluka pur, 99 %), de molalité connue (environ 2.5 mol.kg^{-1}), à laquelle on ajoute doucement de la poudre d'oxyde de lanthanide (poudre pure à 99.9 %, Fluka pur) en excès, la réaction est exothermique.

La solution est chauffée à environ 80°C pendant trois heures, puis est refroidie. Au cours de la réaction, le pH augmente. On ajoute donc de l'acide triflique afin d'avoir un pH acide, compris entre 1.5 et 2. L'opération est répétée plusieurs fois (chauffage, refroidissement et ajout d'acide triflique), jusqu'à ce que le pH reste au point équivalent, c'est-à-dire entre 1.5 et 2. La solution finale présente donc un léger excès d'acide triflique. La solution est ensuite filtrée à travers une membrane en acétate de cellulose avec des pores de 0.45 µm de diamètre.

II.2.3. L'activité des triflates des lanthanides (Propriétés catalytiques)

L'activité des sels des triflates des lanthanides $Ln(OTf)_3$ en tant que catalyseur pour de nombreuses formations de liaisons carbone-carbone et carbone-hétéroatome est largement étudiée. Depuis le travail initial de Kobayashi sur la conception de catalyseurs $Ln(OTf)_3$ modifiés par des ligands chiraux binaphtolates [11], de nombreux catalyseurs asymétriques ont été mis au point avec des ligands chiraux neutres tels que les dérivés du binaphtol ou du ligand pybox (**pyridinebisoxazoline**) [12-14].

II.2.3.1. Réactions de Friedel-Crafts

Il existe deux principaux types de réactions de Friedel-Crafts: alkylation et acylation. Ce type de réaction fait partie de la substitution aromatique électrophile. Le schéma réactionnel général est présenté ci-dessous.

Ces réactions sont habituellement effectuées avec $AlCl_3$ comme catalyseur dans un dissolvant organique. Dans la réaction d'acylation $AlCl_3$ est complexé avec le produit, par conséquent son ajout en excès est nécessaire. la séparation du produit à la fin de la réaction peut être difficile [15].

Pendant la 4ème conférence de la chimie verte en 2000, Walker et al. [16] ont montré l'efficacité des triflates comme catalyseurs dans la réaction de Friedel-Crafts, ils sont stables dans l'eau, ils évitent le besoin d'ajout de solvants organiques et sont utilisés en petites quantités. Ils ne complexent pas avec les produits, la séparation simple, avec un bon rendement, et en plus ne sont pas toxiques. Leur processus produit seulement une petite quantité de bicarbonate de sodium aqueuse, au lieu de la grande quantité de déchets fortement acides générés lorsque le chlorure d'aluminium est utilisé. Ce choix de catalyseur est confirmé par beaucoup de travaux [17, 18]. Des résultats semblables ont été cités dans la réaction d'acétylation directe d'alcools [19]

II.2.3.2. Formation de liaison C-C

Les catalyseurs Ln(OTf)$_3$ ont été employés dans les réactions de formation de liaison carbone-carbone comme Diels-Aulne, aldol, et allylation [20]. Quelques réactions exigent un dissolvant, tel que la formaldéhyde, bien que Kobeyashi et autres ont développé les systèmes alternatifs de l'agent eau.[21]

Ainsi, l'addition de Michael est une méthode industrielle très importante pour créer des liaisons C-C, cette réaction est catalysée par Yb(OTf)$_3$, on a observé une réduction dramatique du temps de réaction et une amélioration significative des rendements par rapport aux autres lanthanides [22,23].

Les triflates des lanthanides sont des catalyseurs permettant non seulement à la réaction d'être effectuée, mais peuvent également agir sur la diastérioselectivité [24].

II.2.3.3. Formation de la liaison C-N

La synthèse standard des composés aromatiques nitrés se fait via une réaction de substitution, cette dernière est réalisée dans une solution d'acide nitrique mélangée à un excès d'acide sulfurique. Comme l'acylation, la réaction produit des déchets acides. L'utilisation de Ln(OTf)$_3$ comme catalyseur à la place de l'acide sulfurique réduit considérablement ces déchets [15].

Ln(OTf)$_3$ sont également utilisés pour catalyser de nombreuses réactions de formation de liaison carbone – azote, par exemple la synthèse de pyridine [25,26].

II.2.4. Avantages

Les triflates des lanthanides différent de la plupart des catalyseurs, en plus de leur stabilité dans l'eau, leurs avantages incluent aussi:

- Catalyseurs asymétriques : les formes chirales peuvent être fortement diastéréo sélectives et enantiosélectives.
- Peuvent réduire le nombre d'étapes de synthèse.
- Moins toxiques et non corrosifs, donc plus faciles à manipuler.
- Les conditions réactionnelles douces réduisent la consommation d'énergie

II.2.5. Inconvénients

Les principaux inconvénients de ces nouveaux catalyseurs par rapport aux modèles traditionnels, leur disponibilité est réduite et le coût d'achat est élevé.

II.3. Perchlorate

L'anion de perchlorate $[ClO_4]^-$ est disponible commercialement sous la forme de divers sels. Ils se retrouvent de façon naturelle dans des régions arides ainsi que dans certains dépôts de minéraux comportant une grande quantité de nitrate. Ces minéraux, présents de façon accessible et en grande quantité au Chili [27].

Les perchlorates sont utilisés comme engrais, commercialisés à grande échelle et sont utilisés sous forme de perchlorate d'ammonium (NH_4ClO_4) en tant qu'oxydant dans les munitions d'armes à feu, les missiles, les roquettes et les feux d'artifice [28]. L'ion $[ClO_4]^-$ est utilisé comme ion, faiblement coordiné, facile à déplacer d'un complexe par d'autres ligands, et comme anion de taille moyenne capable de stabiliser des sels solides contenant de gros complexes cationiques [29]. Les cations lanthanides forment des complexes très faibles avec l'anion $[ClO_4]^-$ [30-32], ces derniers se décomposent facilement à haute température.

Toutefois, l'ion $[ClO_4]^-$ est un allié peu fiable. Comme il est un oxydant fort, il faut éviter de synthétiser des composés solides des perchlorates dans tous les cas où il y a des ligands ou des ions oxydables [29]. L'anhydride des Perchlorates des lanthanides ont été obtenus par extraction avec l'anhydre de l'acétonitrile. Une plus grande prudence doit être prise dans la purification des perchlorates des lanthanides $Ln(ClO_4)_3$, car le mélange de perchlorate de lanthanides et d'acétonitrile peut conduire à une explosion [33]. Il y a une autre approche, qui consiste à l'ajout du triéthylorthoformate $CH_3C(OCH_2CH_3)_3$ au mélange [34]. A cause de la nature dangereuse des perchlorates des lanthanides, ils sont souvent remplacés par les triflates des lanthanides $Ln(OTf)_3$, qui possèdent le même potentiel de réduction dans les solvants aprotiques et la dissociation des triflates est inférieure à celle des perchlorates dans l'acétonitrile [35].

La présence des ions perchlorates dans l'environnement est problématique, puisqu'ils peuvent occasionner des effets négatifs sur la santé humaine, même s'ils sont en faible concentration [36]. On peut utiliser à la place de [ClO$_4$]⁻ d'autres anions faiblement basiques, faciles à obtenir et plus doux, comme le triflate [CF$_3$SO$_3$]⁻, le tétrafluoroborate [BF$_4$]⁻ et l'hexafluorophosphate [PF$_6$]⁻.

II.4. La géométrie des composés

Les études structurales des triflates des lanthanides et des perchlorates des lanthanides ont été présentées pendant les années 90 par les chercheurs Frederic Favier, Hamidi Moulay el Mustapha et Jean-Louis Pascal [37-40]. Cette équipe a synthétisé les composés de Ln(OTf)$_3$ et Pr(ClO$_4$)$_3$ où , Ln=Sc, Y, La, Lu,Pr, Nd, Sm, Gd, Eu, et Er selon la méthode classique [40-41]. Le but de Favier, Hamidi, Pascal et al. est de déterminer la géométrie exacte de ces complexes, donc pour mieux comprendre la nature des interactions métal-ligand, et pour avoir une bonne représentation des distorsions du groupement [OTf] et [ClO$_4$]. La méthode utilisée par cette équipe pour déterminer les paramètres structuraux est L'EXAFS (extended X-ray absorption fine structure) qui permet de travailler sur des composés polycristallins [42]. Pour exploiter les données EXAFS, en l'absence de modèles structurellement proches des triflates et des perchlorates des lanthanides, ils ont fait appel aux informations apportées par la spectroscopie de vibration et par les diffractogrammes de poudres pour obtenir les paramètres des mailles cristallines et les groupes d'espaces. Pascal et al. ont étudié par spectroscopie de vibration (Infra-rouge et Raman), par diffraction de rayons X sur poudre et par spectroscopie d'absorption des rayons X les triflates et perchlorates des lanthanides.

Les résultats de la spectroscopie de vibration (Infrarouge (IR) et Raman (R)) et la spectroscopie d'absorption X, EXAFS de ces composés, ont montré que les deux groupements [OTf] et [ClO$_4$] sont des ligands chélatants et le centre métallique [Ln] pour les deux complexes triflates et perchlorates des lanthanides possède le même nombre de coordinations. La diffraction de rayons X sur les poudres révèle que ces composés présentent une isostructure et cristallisent dans un système monoclinique.

Dans ce chapitre, nous allons effectuer un calcul quantique basé sur la théorie de la fonctionnelle de la densité (DFT), sur les triflates et perchlorates des lanthanides, pour déterminer la géométrie la plus stable et étudier les propriétés électroniques, structurales et optiques de ces composés.

II.5. Méthodes de calculs

Les méthodes de la fonctionnelle de la densité (DFT) sont actuellement le meilleur choix pour les calculs de la structure électronique des complexes des lanthanides. Ces méthodes ont montré leur efficacité pour le calcul des complexes de grande taille, comportant quelques centaines d'atomes. Ces méthodes donnent dans des temps de calculs relativement raisonnables des résultats satisfaisants.

Dans ce chapitre tous les calculs ont été réalisés à l'aide du programme ADF (*Amsterdam Density Functional*) mis au point par Baerends et al. [43]. La corrélation électronique a été traitée au sein de l'approximation du gradient général avec la fonctionnelle de Perdew et Wang PW91 [44]. Les configurations électroniques des atomes ont été décrites par *orbitales* de *type Slater* (STO) où la base de H $1s$, $2s$ et $2p$ de C, F et O, $3s$ et $3p$ pour S, augmentée par la fonctionnelle de polarisation 2p single-ξ pour l'atome de H avec la fonctionnelle polarisée 3d single- ξ pour C, F et , O et la fonction polarisée 4p single- ξ pour S. La base atomique du lanthanide est la suivante: triple ξ-STO pour les orbitales de valences 4f, 5d et 6s, l'approximation des cœurs gelés a été appliquée pour les orbitales de cœur de tous les atomes. Nous avons mis en œuvre dans notre étude théorique, la DFT relativiste dans l'Approximation Régulière d'Ordre Zéro (ZORA) [45]. Le paramètre d'intégration et le critère de convergence de l'énergie ont été mis à 6 et 10^{-3} ua, respectivement.

Les optimisations de géométrie sont réalisées en phase gazeuse sans contraintes de symétrie. Les fréquences de vibration sont systématiquement calculées afin de caractériser la nature des points stationnaires.

II.6. Triflate du Lutétium

En 1999 Hamidi et collaborateurs [39] synthétisent le composé $Lu(OTf)_3$. L'analyse chimique, la spectroscopie de vibration (Infra-rouge (IR) et Raman (R)) et la spectroscopie d'absorption X, EXAFS, ont montré que le groupement [OTf] est tridenté et que le centre métallique [Lu] possède une coordination égale à neuf. La diffraction de rayons X sur poudre révèle que ce composé se présente dans le groupe d'espace $P_{2_1/m}$. L'EXAFS a montré que les distances Lu—O sont égales à 2.48 Å.

Figure II- 2 : *Structure de Ln(OTf)₃ où le groupe de triflate est tridenté.*

II.6.1. Calcul d'optimisation de géométrie

Nous avons utilisé les résultats de Hamidi et al. Pour déterminer la structure électronique de Lu(OTf)₃, dans laquelle le groupe [OTf] est un ligand tridenté et les distances lutétium-oxygène sont fixées à la même valeur Lu—O = 2.34 Å, voir la figure II-3:

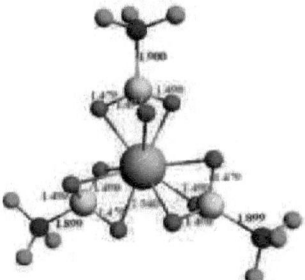

Figure II-3 : Structure de Lu(OTf)₃, l'angle O–S–O=106° et O–Lu–O = 61° l'énergie de liaison de cette géométrie est E= -153.860 eV

Le composé de [Lu(OTf)₃] = **1** est un complexe moléculaire avec trois triflates tridentés chélatants, autour du centre métallique le Lutétium. Par conséquence Lu est coordiné par neuf atomes d'oxygène.

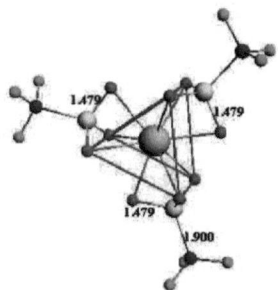

Figure II-4 : Polyèdre de coordination du complexe Lu(OTf)$_3$

Le polyèdre de coordination de l'atome central de Lu (III) peut être décrit comme un prisme trigonal tricoiffé (en anglais : Tricapped Trigonal Prism (TTP)) (Figures II 4-5). Les deux faces triangulaires O (4)-O (5)-O (6) et O (7)-O (8)-O (9) sont formées par les atomes d'oxygène des groupements triflates. Chaque face pseudo rectangulaire est coiffée par un atome d'oxygène

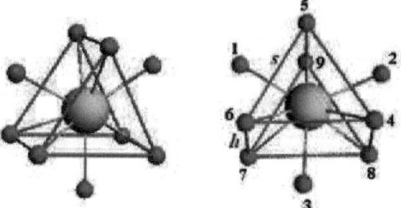

Figure II-5 : *L'arrangement prismatique trigonal et tricoiffé des atomes d'oxygène coordinés au Lutétium*

La valeur de l'arête latérale (s) des triangles est égale à 3.475 Å et la distance de séparation inter-triangulaire (h) est égale à 2.408 Å.

Le calcul avec contrainte, en imposant à la distance Lu—O la valeur 2.340 Å, donne une distribution de neuf atomes d'oxygène de telle sorte qu'ils forment un prisme trigonal tricoiffé (TTP) avec l'ion métallique [Lu^{3+}] situé au centre, est le groupement [OTf] est tridenté. Ces résultats d'optimisation sont en accord avec les données de l'EXAFS [39].

La question qu'on se pose maintenant ; est-ce que si on enlève la contrainte on retrouve les mêmes résultats ou non ?

Dans l'étude qui suit, nous optimisons la structure TTP (1), mais cette fois ci sans de contraintes. Une nouvelle géométrie obtenue pour Lu(OTf)$_3$ est présentée dans la figure II-6. On peut voir que l'ion Lu (III) dans ce composé est coordiné par trois ligands triflate bidentés, et le nombre de coordination de cette géométrie est maintenant égal à six (voir figure II-6) ; où l'énergie de la liaison est égale à -157,500 eV.

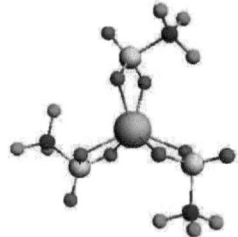

Figure II-6 : *Géométrie optimisée de Lu (OTf)$_3$ obtenue sans contraintes.*

Cette étude a montré que la géométrie du complexe de [Lu(OTf)$_3$] = **2** est un prisme trigonal (TP) Les trois groupements triflate forment un prisme tel que chaque groupement [OTf]$^-$ se lie au centre métallique par deux atomes d'oxygène et le troisième reste libre (voir figure II-7).

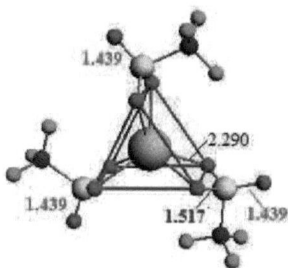

Figure II-7 : *Géométrie optimisée prisme trigonal de Lu(OTf)$_3$*

Donc l'atome central [Lu]$^{3+}$ de ce complexe présente un nombre de coordination égal à six et la géométrie est un prisme trigonal constitué de deux triangles O_1-O_2-O_3 et O_4-O_5-O_6 (voir figure II-8) avec une valeur de l'arête latérale égale à 3.386 Å, et une séparation inter-triangulaire (h =2.396Å). Nous avons également trouvé que les liaisons Lu—O sont égales à 2.290 Å .

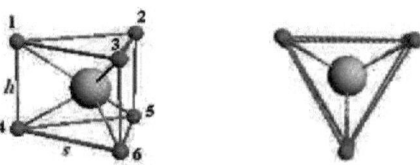

FigureII-8 : *L'arrangement prisme trigonal des atomes d'oxygène coordinnés au Lutétium.*

La distance lutétium—oxygène dans la géométrie TP est de 2.290 Å, nettement inférieure à la valeur dans la géométrie TTP (Lu—O = 2.340 Å) .

Jusqu'à maintenant nous avons trouvé deux géométries complètement différentes du triflate de Lutétium, TTP et TP, dans l'étape suivante nous allons effectuer un calcul théorique pour déterminer exactement le nombre de géométries de Lu(OTf)$_3$

II.6.2. Vérification géométrique

Le calcul DFT dépend de la géométrie de départ. Prenons la géométrie où les trois fragments [OTf]⁻ sont tridentés et laisse ons le calcul déterminer la valeur de la distance métal-ligand correspondant à cette structure. Il a été constaté que toutes les distances Lu-O sont égales à 2,510 Å, l'énergie de liaison E_{bind} = -154,790 eV, et le gap énergétique ($\Delta E = E_H - E_L$) de cette géométrie est 4.366 eV (voir figure III-9).

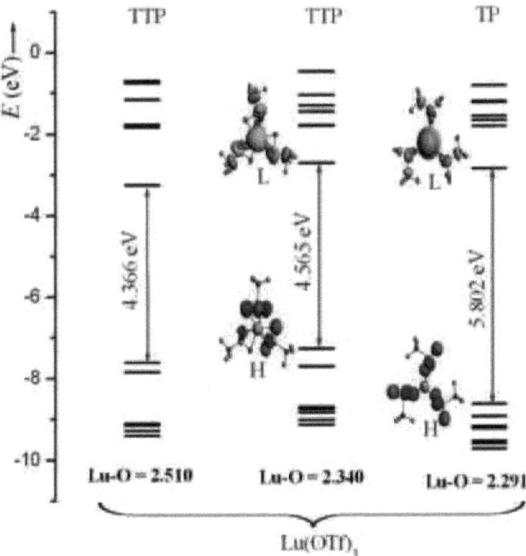

Figure II-9 : *Diagramme orbitalaire DFT de Lu(OTf)₃.*

Ces résultats montrent que la distance Lu—O est plus courte dans la géométrie TP, cela signifie que cette liaison est plus forte dans la forme TP que dans celle de TTP.

Comme prévu, les calculs DFT ont montré que le gap énergétique de la géométrie tridente est plus petite que celui de la bidentée pour Lu(OTf)₃. Ceci est en accord avec le principe de la dureté maximale qui établit que la dureté (l'écart HOMO-LUMO) est maximale pour l'isomère le plus stable [47].

II.6.3 Calcul de fréquences

Le calcul en méthode DFT a donné le diagramme d'IR intensité (Km/mole) en fonction de la fréquence (cm^{-1}), sur ce dernier toutes les fréquences sont positives ; et pour les deux structures TTP et TP de Lu(OTf)$_3$, en conséquence les deux géométries sont stables.

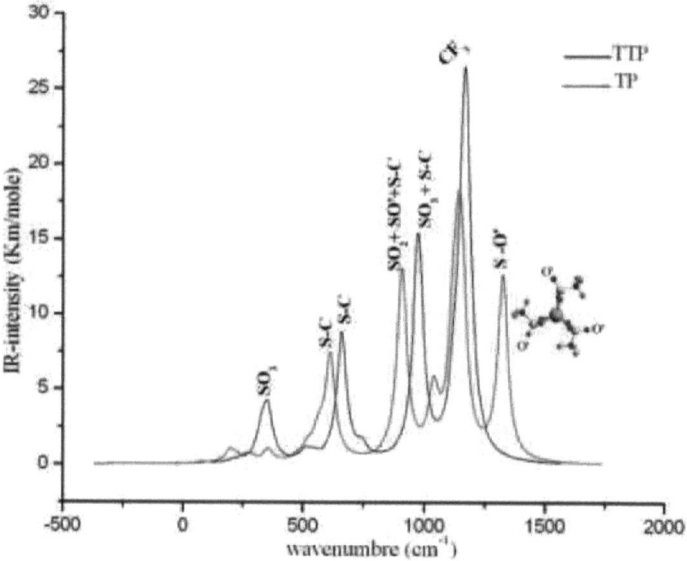

Figure II-10: *Spectres de vibration des structures TTP et TP en phase gazeuse.*

Les spectres théoriques IR pour les deux structures sont présentés dans la figure III-10, tel que montre un spectre plus étendu de la structure TP, avec une tendance générale vers les basses fréquences de la plupart des vibrations (par rapport à la structure TTP).

La différence entre les spectres de TP et de TTP est une bande intense à 1320 cm^{-1} correspondant à la vibration d'élongation SO' de la forme TP (où ; Δd S-O'= d$_{Max}$ – d$_{Min}$ = 0.220 Å) ce mode de vibration est non observé dans la géométrie TTP. Voir figure III-10.

II.7. Perchlorates des Lanthanides

Avec les mêmes techniques citées dans les références [37-40], F. Favier, J. L Pascal et al. ont réalisé la synthèse et l'étude structurale des perchlorates des lanthanides Ln(ClO$_4$)$_3$ où Ln = La, Pr, Nd, Sm, Gd et Er [38, 40]. Leur étude révèle que les complexes Ln(ClO$_4$)$_3$ sont isostructuraux et cristallisent dans le système monoclinique (groupe d'espace P$_{21/m}$). Les données spectroscopiques vibrationnelles montrent une forme tridentée des groupements [ClO$_4$]$^-$ avec l'atome central et le nombre de coordination égal à neuf.

Dans cette partie du chapitre II, nous allons vérifier les résultats géométriques du perchlorate du Lanthane Ln(ClO$_4$)$_3$ par un calcul théorique au sein du logiciel ADF 2008 et avec les mêmes critères que nous avons utilisés pour les triflates de lutétium.

II.7.1. Calcul théorique de La(ClO$_4$)$_3$

A partir des résultats de Favier et Pascal [38, 40] qui présentent les trois groupements perchlorates dans la molécule Ln(ClO$_4$)$_3$ comme des ligands tridentés et toutes les distances oxygène—lanthane sont égales à 2,700 Å nous avons effectué un calcul DFT sur cette structure du perchlorate de lanthane avec une contrainte, où nous avons fixé toutes les distances La—O égales à (La—O = 2,700 Å).

Comme prévu, le résultat d'optimisation donne une structure TTP pour le perchlorate de lanthane, ces résultats ressemblent à ceux obtenus précédemment avec les triflates des lanthanides.

Pour vérifier la stabilité de la forme prisme trigonal tricoiffé de La(ClO$_4$)$_3$, nous avons effectué un calcul en méthode DFT sur cette géométrie sans contrainte. La géométrie obtenue est présentée dans la figure II-12.

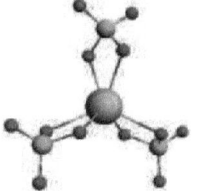
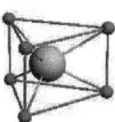

Figure II-11 : *Géométrie optimisée sans contrainte E_{bind} = -82.669 eV.*

La figure II-11 montre que les six atomes d'oxygène forment un grand prisme trigonal TP, l'ion [La]$^{3+}$ étant situé dans le centre, et le nombre de coordination de [La]$^{3+}$ de ce complexe est égal à six. Le perchlorate du lanthane est comme le triflate du lutétium, si on enlève la contrainte la molécule va changer de géométrie, et passe de la forme TTP à une autre plus favorable qui est la TP. La différence d'énergie entre les deux structures de La(ClO$_4$)$_3$ est 0.75 eV, la distance La—O est égale à 2.479 Å .

II.7.2. Résultats et discussions

Les résultats expérimentaux ont montré que les triflates et perchlorates des lanthanides possèdent la même structure moléculaire où les ligands (triflate et perchlorate) sont tridentés, le nombre de coordination de ces géométries est égal à neuf et se trouve dans le groupe d'espace P $_{21/m}$ [37-40].

Les résultats expérimentaux et théoriques sont en accords avec l'idée que les triflates et perchlorates des lanthanides sont des complexes isostructuraux. La différence réside dans le calcul effectué en DFT sur ces complexes, qui montre l'existence de deux géométries TTP et TP. La différence entre les deux est le type de coordination du ligand avec le métal telle que la forme TTP est tridentée et la forme TP est bidentée.

L'analyse géométrique de ces complexes Lu(OTf)$_3$ et La(ClO$_4$)$_3$ a prouvé que la distance lanthanide—oxygène dans la structure TTP (2.340Å et 2.700Å ; respectivement) est plus élevée par rapport à la géométrie TP (2.290 Å , 2.479 Å ; respectivement). Le calcul de fréquence a montré également que les deux géométries sont stables mais l'énergie de liaison (E$_{bond}$) indique que la forme TP est la plus favorable. A partir des valeurs de distance on peut dire que les ions [ClO$_4$]$^-$ et [OTf]$^-$ sont faiblement coordinnés avec le centre métallique (La et Lu) dans la géométrie TTP .

Le changement structural de ces complexes entre les géométries TTP et TP et la réduction de liaison Ln—O (Ln= La, Lu) sont attribuées à une tendance croissante de l'ion métallique à changer le nombre de coordination de neuf à six [48].

D'autre part, il y a une autre géométrie pour les complexes Ln(OTf)$_3$, qui se trouve dans la littérature dans laquelle les ligands triflates [OTf] sont monodentés, cette dernière existe dans les articles de Jean Claude et leurs collaborateurs [49-51]. Le calcul d'optimisation de la géométrie Lu(OTf)$_3$, où les groupes [OTf] sont monodentés donne une structure TP .

II.8. Triflates des Lanthanides

Dans cette section, nous allons présenter les résultats d'une étude systématique de la chimie quantique du trifluorométhanesulfonate de lanthanide Ln(OTf)$_3$, où Ln = La, Ce, Nd, Eu, Gd, Er, Yb et Lu, afin de caractériser et de comparer l'évolution de la liaison métal-ligand dans cette série , d'un point de vue structurale et électronique.

II.8.1. Le choix de la géométrie de départ

Dans la première partie nous avons présenté trois géométries différentes de triflate de lanthanide correspondant à la coordination du groupement [OTf] avec le centre métallique mono, bi ou tridenté. Parmi les trois, nous avons choisi la géométrie où le groupe [OTf] est monodenté comme point de départ de notre calcul théorique (voir figure II-12).

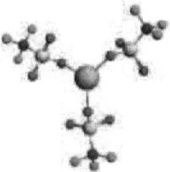

Figure II-12 : *Géométrie de départ du triflate de lanthanide.*

II.8.2. Les conformères

Le calcul DFT sur le complexe Ln(OTf)$_3$ a montré l'existence de deux conformères. Cette flexibilité de conformation n'est pas particulièrement importante pour le moment parce que la différence d'énergie de liaison entre les deux conformations est très faible (0,017 et 0,005 eV) et la géométrie est toujours bidentée. Les deux conformères sont présentés dans la figure II-13 et les énergies de liaison sont résumées dans le tableau II-1.

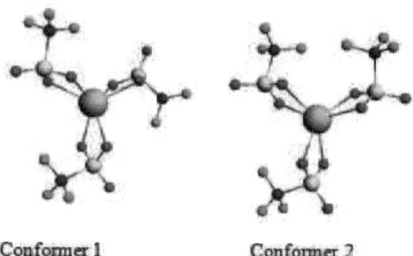

Conformer 1   Conformer 2

Figure II-13 : *Les deux conformères de Ln(OTf)$_3$.*

	conformère 1 E_1	conformère 2 E_2	$\Delta E = |E_1-E_2|$ (eV)
Lu(OTf)$_3$	-157.521	-157.504	0.017
Yb(OTf)$_3$	-153.820	-153.825	0.005

Tableau II-1 : *l'énergie de liaison pour les deux conformères*

II.8.3. La structure moléculaire

Les structures optimisées des triflates des lanthanides sont présentées dans la figure II-14, et les paramètres structuraux : les distances de liaison et les angles sont groupés dans le tableau II-2.

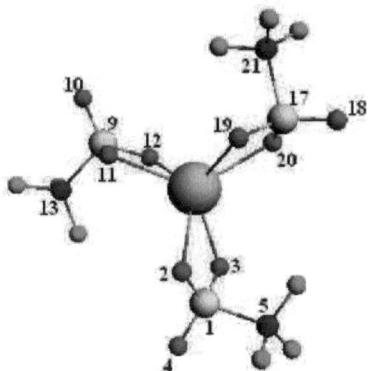

Figure II-14 : *La géométrie optimisée de Ln(OTf)$_3$ avec son étiquetage.*

Nous avons trouvé que dans les complexes Eu(OTf)$_3$ et Lu(OTf)$_3$, la distance théorique moyenne de Eu—O et Lu—O est inférieure à la distance expérimentale de 0,044 Å et 0,049 Å respectivement (voir tableau II-2). Les distances données par l'EXAFS sont surestimées par rapport aux distances calculées mais ces dernières restent toujours dans l'intervalle d'une liaison Ln—O simple.

	La (OTf)$_3$	Ce (OTf)$_3$	Nd (OTf)$_3$*	Eu (OTf)$_3$*	Gd (OTf)$_3$	Er (OTf)$_3$	Yb (OTf)$_3$	Lu (OTf)$_3$
Ln-O2	2.491	2.464	2.442	2.437 (2.48)**	2.375	2.344	2.349	2.290 (2.34)**
Ln-O3	2.490	2.463	2.437	2.431	2.377	2.341	2.346	2.292
Ln-O20	2.491	2.464	2.447	2.444	2.377	2.344	2.346	2.291
Ln-O19	2.490	2.464	2.442	2.429	2.374	2.344	2.348	2.290
Ln-O12	2.490	2.466	2.443	2.432	2.377	2.342	2.346	2.292
Ln-O11	2.491	2.464	2.441	2.440	2.375	2.344	2.349	2.291
S1-O2	1.514	1.514	1.515	1.511	1.516	1.515	1.513	1.518
S1-O3	1.514	1.515	1.515	1.512	1.515	1.515	1.514	1.518
S17-O20	1.514	1.515	1.514	1.510	1.515	1.515	1.513	1.518
S17-O19	1.514	1.515	1.515	1.513	1.516	1.515	1.513	1.517
S9-O12	1.514	1.514	1.514	1.512	1.515	1.515	1.513	1.518
S9-O11	1.514	1.514	1.515	1.511	1.516	1.515	1.513	1.517
S1-O4	1.440	1.440	1.440	1.442	1.440	1.441	1.442	1.439
S17-O18	1.441	1.440	1.440	1.442	1.440	1.441	1.442	1.439
S9-O10	1.440	1.440	1.440	1.442	1.440	1.441	1.442	1.439
S-Ln	3.092	3.065	3.040	3.030	2.972	2.936	2.938	2.883
S1(17,9)-C5(21,13)	1.887	1.888	1.888	1.888	1.888	1.889	1.889	1.889
O3-Ln-O2	57.9	58.6	59.3	59.3	60.8	61.6	61.5	63.1
O11-Ln-O12	57.9	58.5	59.1	59.2	60.8	61.6	61.5	63.1
O19-Ln-O20	57.9	58.6	59.1	59.2	60.8	61.6	61.5	63.1
O3-S1-O2	105.7	105.5	105.6	105.6	104.9	104.8	104.9	104.3
O11-S9-O12	105.7	105.5	105.5	105.5	104.9	104.8	104.9	104.3
O19-S17-O20	105.7	105.5	105.5	105.6	104.8	104.8	104.9	104.3
Ln-O3-S1-O2	0.6	0.8	0.3	0.8	0.2	-0.6	-1.3	-0.5
Ln-O11-S9-O12	-0.6	-1.0	-0.0	0.0	-0.2	0.8	-1.3	0.5
Ln-O19-S17-O20	-0.7	-0.3	0.6	1.1	-0.2	0.8	1.2	0.5

Tableau II-2: *Paramètres structuraux (liaisons et angles) de Ln(OTf)$_3$ où Ln = La, Ce, Nd, Eu, Gd, Er, Yb and Lu.* * = *le conformères 2* ; ** = *les valeurs expérimentales*

Par ailleurs, nous remarquons que le complexe qui possède la distance Ln—O la plus courte est celui qui correspond au centre métallique le plus riche en électrons Lu(OTf)$_3$ (71 électrons), la situation inverse est observée dans La(OTf)$_3$. Cette variation de liaison Ln-O en suivant l'ordre : La > Ce > Nd > Eu > Gd >Er > Lu est en accord avec la théorie de contraction lanthanidique (voir chapitre I) comme on l'a schématisé dans la figure II-15 la tendance des moyennes de la liaison lanthanide-oxygène par rapport au rayon ionique du lanthanide[52].

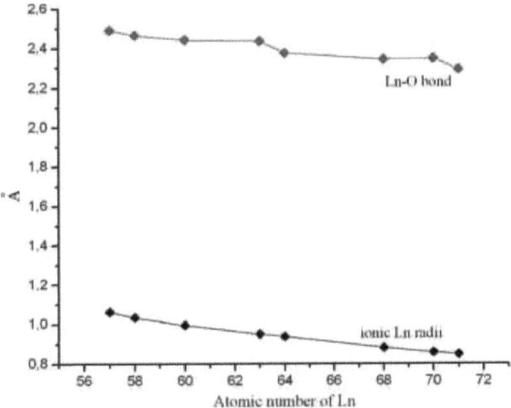

Figure II-15 : *Rayons ioniques des lanthanides (à partir de la ref.52) et les liaisons Ln— O en fonction du nombre atomique des lanthanides*

II.8.4. L'analyse des charges

Le tableau II-3 présente les charges atomiques nettes de Ln(OTf)$_3$ obtenues l'aide de l'analyse de Hirshfeld [53].

D'après ces valeurs, on remarque que les charges sur les atomes des lanthanides sont positives. Les atomes d'oxygène, directement liés au métal sont plus négatifs que ceux non liés. La charge négative sur les deux oxygènes liés au lanthanide et la charge positive de ce dernier, montre l'existence d'une attraction électrostatique dans tous les composés de la série.

D'autre part, la charge sur les atomes de soufre est positive, donc l'interaction électrostatique avec les métaux est répulsive, la présence de liaison ln—S est inexistante (voir tableau II-3).

Nous remarquons que la charge positive du néodyme est la plus élevée de la série, la charge négative des oxygènes dans le même complexe Nd(OTf)$_3$ se trouve la plus élevée, par conséquent la liaison ionique Nd—O est la plus forte.

Dans le cas du complexe Gd(OTf)$_3$ la charge de l'atome central se trouve la plus faible et il en est même pour la charge sur les oxygènes, donc la liaison ionique Gd—O dans ce composé est la plus faible.

	La (OTf)$_3$	Ce (OTf)$_3$	Nd (OTf)$_3$*	Eu (OTf)$_3$*	Gd (OTf)$_3$	Er (OTf)$_3$	Yb (OTf)$_3$	Lu (OTf)$_3$
Ln	0.780	0.742	0.871	0.845	0.731	0.853	0.847	0.736
O2	-0.254	-0.249	-0.268	-0.264	-0.248	-0.266	-0.260	-0.249
O3	-0.254	-0.249	-0.269	-0.263	-0.247	-0.265	-0.265	-0.250
O4	-0.229	-0.227	-0.225	-0.223	-0.226	-0.223	-0.221	-0.224
O10	-0.229	-0.228	-0.225	-0.222	-0.226	-0.223	-0.221	-0.224
O11	-0.254	-0.249	-0.269	-0.263	-0.248	-0.266	-0.261	-0.249
O12	-0.254	-0.249	-0.268	-0.262	-0.247	-0.264	-0.265	-0.250
O18	-0.229	-0.228	-0.225	-0.222	-0.226	-0.223	-0.221	-0.224
O19	-0.254	-0.249	-0.268	-0.264	-0.248	-0.267	-0.261	-0.249
O20	-0.254	-0.249	-0.270	-0.261	-0.247	-0.264	-0.265	-0.249
S1	0.433	0.435	0.428	0.426	0.434	0.426	0.425	0.433
S9	0.433	0.434	0.428	0.428	0.434	0.426	0.425	0.433
S17	0.433	0.435	0.428	0.427	0.434	0.426	0.425	0.433
C5	0.223	0.223	0.223	0.221	0.223	0.223	0.222	0.223
C13	0.223	0.223	0.223	0.222	0.223	0.223	0.222	0.223
C21	0.223	0.223	0.223	0.221	0.223	0.223	0.222	0.223

*: géométrie de coenformere2

Tableau II-3: *Les valeurs des charges de Hirshfeld de Ln(OTf)$_3$ ou Ln = La, Ce, Nd, Eu, Gd, Er, Yb et Lu.*

II-8.5. La distribution de spin

Les distributions de spin sur les atomes pour les différents complexes des triflates des lanthanides sont données dans le tableau III-4. Dans les espèces Ln(OTf)$_3$ où Ln= Ce, Nd, Eu, Gd, Er et Yb la densité de spin est principalement localisée sur le centre métallique et dans une plus faible proportion, sur les autres atomes d'oxygène, soufre et carbone. Il en résulte donc une forte concentration de densité électronique au niveau des centres des éléments *4f* des terres rares ce qui indique que la structure est fortement polarisée.

Les valeurs des distributions de spin présentent les mêmes amplitudes que celles trouvées dans la réf. [54].

	Ce(OTf)$_3$	Nd(OTf)$_3$*	Eu(OTf)$_3$*	Gd(OTf)$_3$	Er(OTf)$_3$	Yb(OTf)$_3$
Ln	1.0252	3.1188	6.3339	6.9560	2.740	0.6526
O2	-0.0052	-0.0195	-0.0467	0.0046	0.037	0.0511
O3	-0.0052	-0.0192	-0.0506	0.0046	0.038	0.0472
O4	-0.0006	-0.0047	-0.0244	0.0006	0.013	0.0269
O10	-0.0008	-0.0055	-0.0260	0.0006	0.013	0.0270
O11	-0.0058	-0.0199	-0.0484	0.0046	0.037	0.0512
O12	-0.0058	-0.0199	-0.0530	0.0046	0.039	0.0473
O18	-0.0005	-0.0056	-0.0256	0.0006	0.013	0.0270
O19	-0.0049	-0.0196	-0.0532	0.0046	0.037	0.0512
O20	-0.0049	-0.0191	-0.0474	0.0046	0.039	0.0473
S1	0.0020	0.0040	0.0126	0.0036	- 0.003	-0.0095
S9	0.0030	0.0049	0.0135	0.0036	- 0.003	-0.0095
S17	0.0014	0.0048	0.0133	0.0036	- 0.003	-0.0095
C5	0.0002	-0.0003	-0.0002	0.000	0.000	-0.0002
C13	0.0002	-0.0001	0.0000	0.000	0.000	-0.0002
C21	0.0002	-0.0002	0.0000	0.000	0.000	-0.0002

Tableau II-4: *densités atomiques de spin de Ln(OTf)$_3$*.

II.8.6. Analyse des orbitales moléculaires

Les complexes des lanthanides montrent un exemple typique, sur le diagramme des structures des orbitales moléculaires, dans lequel la bande de valence est constituée d'une bande d'oxygène $2p$ et la bande de conduction est constitué d'orbitales métalliques d vacantes. La valeur 8eV du gap énergétique (E_{HOMO}- E_{LUMO}) peut être considérée comme un bon critère de stabilité en fonction de la dureté maximale principale [55]. Comme prévu pour les composés de terres rares, les orbitales f se trouvent dans la bande interdite, leur rôle dans la stabilité du composé étant petit, et ne peut avoir lieu uniquement par la dégénérescence des orbitales $4f$-$5d$, et aucune interaction entre les orbitales du bloc $4f$ et les orbitales du ligand, comme expliqué dans les réf. [54], [56] et [57].

Les diagrammes orbitalaires moléculaires obtenus en méthode DFT pour les différents composés optimisés des triflates des lanthanides Ln(OTf)$_3$ où Ln = La, Ce, Nd, Eu, Gd, Er, Yb et Lu, sont représentés sur la figure II-16. Pour tous les composés étudiés à couche ouverte un écart énergétique moyen sépare les orbitales occupées des orbitales vacantes. Et pour les molécules de structure électronique à couche fermée La(OTf)$_3$ et Lu(OTf)$_3$ elles présentent un large écart énergétique HOMO/LUMO (4.651 eV et 5.801 eV).

Les composés Eu(OTf)$_3$ et Yb(OTf)$_3$ présentent des SOMOs à caractère ~85% métallique avec des lobes bien orientés. Par contre, dans les autres complexes des triflates des lanthanides, une participation significative des atomes d'oxygène du groupement [OTf] est trouvée. Les caractères LUMOs des composés (voir figure II-16) La(OTf)$_3$, Ce(OTf)$_3$, Eu(OTf)$_3$ et Gd(OTf)$_3$ sont 100% métallique avec des lobes bien orientés. Les autres complexes présentent un caractère 80% métallique et 20% oxygène. La composition des orbitales frontières de Ln(OTf)$_3$ est donnée dans le tableau II-5.

Il est intéressant de noter que les orbitales $4f$ de ces complexes sont en effet beaucoup plus contractées que les orbitales $5d$ et $6s$ donc ces orbitales étant très profondes et elles participent assez peu à la liaison chimique. La composition des orbitales atomiques regroupée dans le tableau II-4 et les diagrammes orbitalaires DFT (figure II-16) de Ln(OTf)$_3$ sont en accord avec cette idée. il n'y a pas de contribution significative des orbitales *4f* du lanthanide dans la liaison métal-ligand mais il y a seulement un faible mélange entre les orbitales du ligand et les orbitales métalliques (1%). Pour résumer, la liaison entre les métaux et les groupes OTf est ionique.

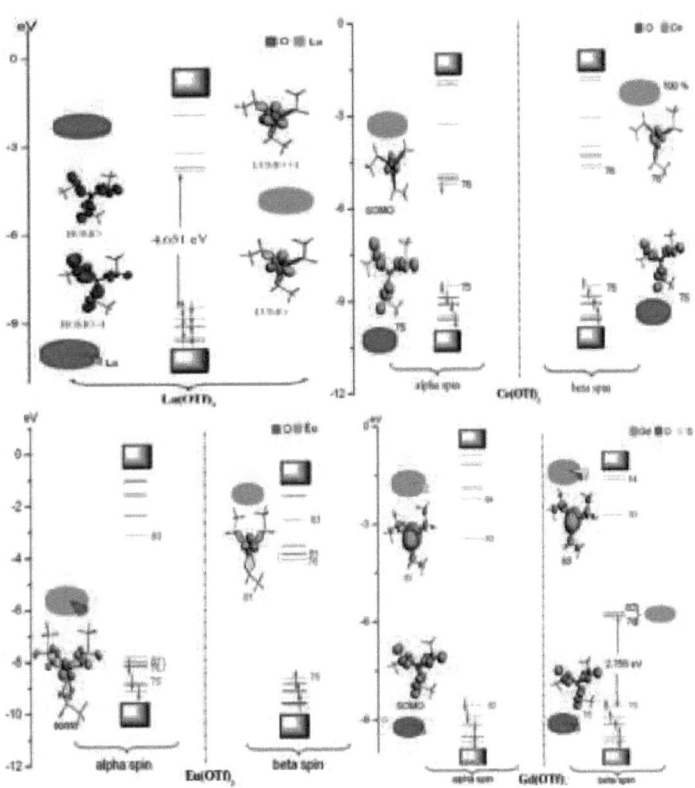

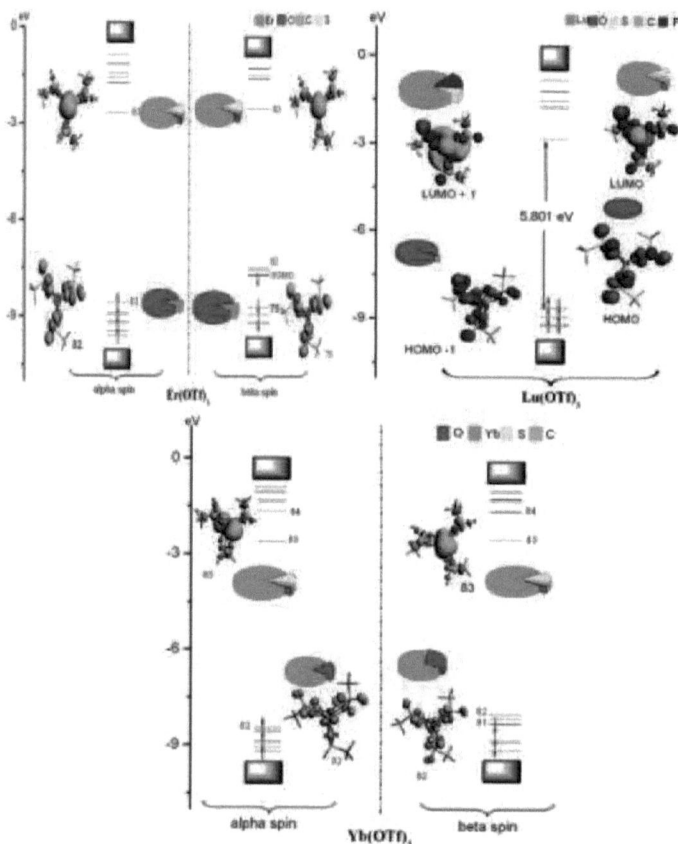

Figure II-16 : *Les diagrammes orbitalaires DFT des composés de Ln(OTf)$_3$ où Ln = La, Ce, Nd, Eu, Gd, Er, Yb et Lu.*

	La(OTf)₃							Ce(OTf)₃						
OMs	HOMO-1	HOMO	LUMO	LUMO+1				75 α	76 α (SOMO)	77 α	78 α	74 β	75 β	76 β	77 β
Occup	2	2	0	0				1	1	0	0	1	1	0	0
En eV	-8.833	-8.483	-3.832	-3.831				-8.522	-5.213	-5.100	-5.024	-8.858	-8.517	-4.728	-4.726
Ln %	1.5	0	100	100				0	0	100	100	2	0	100	100
O	98.5	100	0	0				100	0	0	0	98	100	0	0

	Nd(OTf)₃							Eu(OTf)₃							
OMs	77α	78α (SOMO)	79α	80α	74β	75 β	76β	77β	80α	81α (SOMO)	82α	83α	74β	75β	76β	77β
Occup	1	1	0	0	1	1	0	0	1	1	0	0	1	1	0	0
En eV	-6.756	-6.725	-6.662	-6.542	-8.852	-8.596	-5.228	-5.034	-7.994	-7.975	-7.800	-3.097	-8.858	-8.663	-4071	-3.896
Ln %	100	100	100	100	1.5	0	100	100	94	91	70	95	0	0	100	100
O	0	0	0	0	98.5	100	0	0	6	9	30	0	100	100	0	0

	Gd(OTf)₃							Er(OTf)₃						
OMs	81α	82α (SOMO)	83α	84α	74β	75β	76β	77β	81α	82α	83α	84α	78β	79β (SOMO)	80β	81β
Occup	1	1	0	0	1	1	0	0	1	1	0	0	1	1	0	0
En eV	-8.874	-8.535	-3.430	-2.242	-8.943	-8.619	-5.866	-5.866	-8.873	-8.558	-2.633	-1.727	-7.719	-7.698	-7.537	-7.486
Ln %	2	2	95	90	2	2	100	100	6	11	83	65	100	100	98	94
O	98	98	0	4	98	98	0	0	94	89	1	9	0	0	2	6
S	0	0	5	3.5	0	0	0	0	0	0	13	18	0	0	0	0
F	0	0	0	2.5	0	0	0	0	0	0	0	0	0	0	0	0
C	0	0	0	0	0	0	0	0	0	0	3	8	0	0	0	0

	Yb(OTf)₃							Lu(OTf)₃			
OMs	81α	82α	83 α	84α	80β	81β (SOMO)	82β	83β	HOMO-1	HOMO	LUMO	LUMO+1
Occup	1	1	0	1	1	1	0	0	2	2	0	0
En eV	-8.430	-8.430	-2.605	-1.652	-8.150	-8.149	-8.015	-2.545	-8.943	-8.648	-2.846	-1.793
Ln %	82	82	83	59	88	91	68	82	1	100	82	77
O	18	18	1.2	8	12	9	32	1	99	0	1	0
S	0	0	13	21	0	0	0	0	0	0	12	8
C	0	0	2.8	11	0	0	0	14	0	0	5	0
F	0	0	0	0	0	0	0	3	0	0	0	15

Tableau II-5: les énergies (E), l'occupation (Occ), le pourcentages(%) et les types de quelque OMs pour les complexes Ln(OTf)₃ où Ln = La, Ce, Nd, Eu, Gd, Er, Yb and Lu.

II.8.7. Les fréquences de vibration

D'après le calcul des fréquences sur la géométrie optimisée des triflates des lanthanides Ln(OTf)$_3$ (où Ln = La, Ce, Nd, Eu, Gd, Er, Yb et Lu), le diagramme d'IR intensité (Km/mole) en fonction de la fréquence (cm^{-1}) montre que toutes les fréquences sont positives, en conséquence les géométries sont toutes stables. Voir la figure II-17.

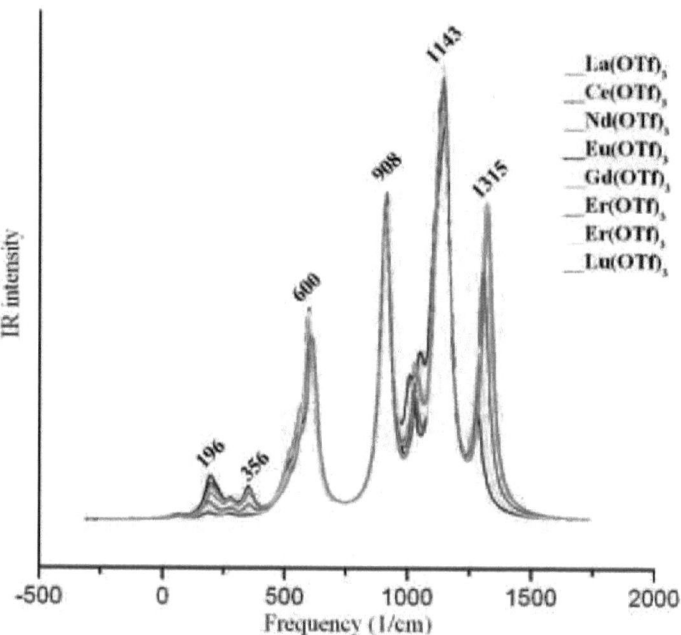

Figure II-17 : *Spectre théorique de vibration de Ln(OTf)$_3$, où Ln = La, Ce, Nd, Eu, Gd, Er, Yb et Lu*

Nous remarquons que tous les spectres sont similaires et caractéristiques de la structure du ligand. Le spectre infra rouge typique de Ln(OTf)$_3$ est présenté dans la figure II-18, la comparaison entre les deux spectres (théorique et expérimental) permet de dire que les deux spectres sont similaires, les pics de vibration sont obtenus, avec une faible différence entre les valeurs des fréquences (cm^{-1}) qui peut être attribuée à la méthode de calcul.

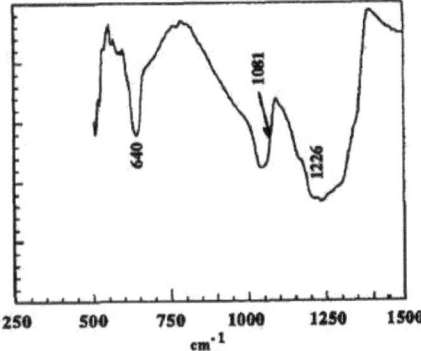

Figure II-18 : *Spectre infra rouge typique de Ln(OTf)$_3$ [37].*

II.8.8. UV/ vis spectroscopie

Les propriétés optiques de La(OTf)$_3$ et Lu(OTf)$_3$ ont été théoriquement étudiées au moyen de la TD-DFT, calculées au niveau moléculaire. Dans ce travail, nous avons limité les calculs à ces deux composés en raison de l'inefficacité de l'outil standard de la TDDFT sur les molécules à couche ouverte (voir, par exemple, réf. 58-60) et les références qui y figurent [61]. En effet, pour ces systèmes, l'importance de la contamination de spin des états excités a été récemment analysée [62].

Les spectres d'absorption de La(OTf)$_3$ et Lu(OTf)$_3$ sont présentés dans la figure II-19 , sont dominés dans les régions UV visible par des caractéristiques d'absorption à environ 164, 170, 180, 186, 207, 229, 313, 363, 413 et 440 nm, qui sont données dans la figure III-20.

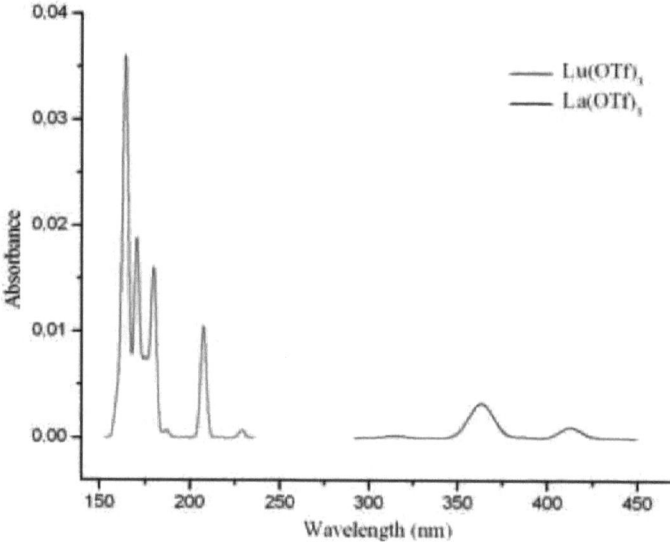

Figure II-19 : *Spectres théoriques UV-visible des La(OTf)$_3$ (noir) et Lu(OTf)$_3$ (rouge).*

Le groupe peut être assigné à LMTC (transfert de charge du ligand vers le métal). La figure III-20 montre les orbitales moléculaires frontières les plus représentatives dans les états fondamentaux de La(OTf)$_3$ et Lu(OTf)$_3$, respectivement.

La différence principale entre les spectres d'absorption de ces deux composés est que la transition HOMO-LUMO de La(OTf)$_3$ est fortement bathochromique décalée par rapport à Lu(OTf)$_3$, cela est lié à la faible valeur de gap (HOMO-LUMO) de La(OTf)$_3$.

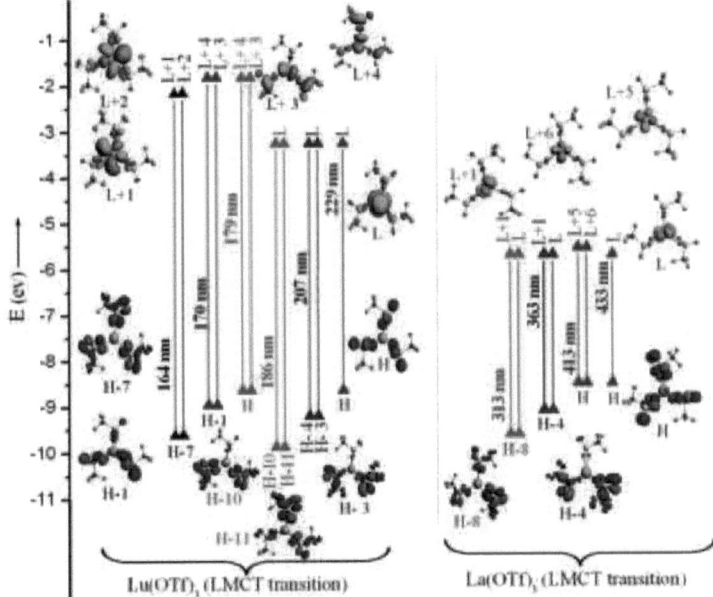

Figure II-20 : *Diagrammes Orbitalaires des niveaux d'énergie des orbitales moléculaires impliquées dans les transitions d'excitation pour La(OTf)$_3$ et Lu(OTf)$_3$ calculées par TD-DFT en phase gazeuse.*

II.9. Conclusion

Dans ce chapitre, nous avons présenté les résultats des calculs DFT sur une série de complexe des triflates des lanthanides de formule générale Ln(OTf)$_3$, où Ln = La, Ce, Nd, Eu, Gd, Er, Yb et Lu. Les résultats obtenus ont prouvé que la géométrie trigonale prismatique est favorisée par rapport à la géométrie trigonale prismatique tricoiffée dans les complexes des triflates des lanthanides. Toutes les géométries de Ln(OTf)$_3$ sont isostructurales, avec le groupement [OTf] bidenté et engendrant un nombre de coordination égal à 6. Les calculs des fréquences ont montré que les deux formes TP et TTP de Ln(OTf)$_3$ sont stables, et qu'il existe deux conformères pour la forme TP.

II.10. Bibliographie

[1] D. Schinzer ; Selectivities in Lewis Acid Promoted Reactions; Kluwer Academic Publishers, Dordrecht (1989).

[2] H. Yamamoto, Lewis Acids in Organic Synthesis , Vols 1-2 ; Wiley-VCH: Weinheim (2000).

[3] S. Kobayashi; Chem. Soc.Rev, 28, 1. (**1999**)

[4] S. Kobayashi, M. Sugiura, H. Kitagawa, W. W.-L. Lam ; Chem. Rev; 102,6(2002)

[5] R.M. Smith , A.M. Martell; Critical stability constants, New York: Plenum Press(1976).

[6] S.A. Wood; Chemical Geology, 82(1990).

[7] F.J. Millero; Geochimica et Cosmochimica Acta, 56, 8(1992).

[8] F. H. Spedding, D. A. Csejka, C. W. DeKock; J. Phys. Chem; 70,8(1966)

[9] C. Xiao et P.R. Tremaine ; The J. Chem. Thermodynamics 28, 1(1996).

[10] C. Xiao, P.R. Tremaine, J.M. Simonson; J. Chem. Eng. Data, **41**, 5(1996).

[11] S. Kobayashi, I. Hachiya, H. Ishitani , M. Araki; Tetrahedron Lett., **34**, 28(1993).

[12] H. C. Aspinall, J. F. Bickley, N. Greeves, R. V. Richard V. Kelly, P. M. Smith, Organometallics, **24**, 14(2005).

[13] C. Qian et L. Wang, Tetrahedron Lett., **41**,13(2000).

[14] D. A. Evans, Z. K. Sweeney, T. Rovis et J. S. Tedrow, J. Am. Chem. Soc., **123**, 48(2001).

[15] *J.Clark, D. Macquarie, Handbook of Green Chemistry & Technology; Blackwell, Oxford, (2002).*

[16] M.A. Walke , M.S. Balshi, A.J. Lauster and P.M. Birmingham, An environmentally benign process for Friedel-Crafts acylation; Proceedings of the 4th Annual Green Chemistry and Engineering Conference, National Academy of Sciences, Washington, D.C.(2000).

[17] L.Jianjun; S. Weike, L. Jingdu,C. Mei, L. Jia; Synthetic Communications; 35, 14(2005).

[18] A. Dzudza, T. J. Marks; J. Org. Chem; 73(2008)

[19] A. Barrett, D. Braddock; Chim. Commun ; 4(1997).

[20] S. Kobayashi ; Lanthanides: Chemistry and Use in Organic Synthesis; Springer(1999).

[21] S. Kobayashi, K. Manabe; Pure Appl. Chem., 72, 7(2000).

[22] : P. Harrington and M. A. Kerr; Can. J. Chem.; 76, 9(1998)

[23] R. Ding, K. Katebzadeh, L. Roman, K. –E. Bergquist, U. M. Lindström; J. Org. Chem; 71, 1(2006).

[24] J. Engberts, B. Feringa, E. Keller, S. Otto; Recuil des Travaux Chimiques des Pays-Bas ; 115, 11-12(1996)

[25] S. Kobayashi, H. Ishitani, S. Nagayama ; Synthesis ; 9, 1195-1202(1995).

[26] X. Wenhua, J. Yafei, P. G WANG; Chemtech;29, 2(1999)

[27] S. Susarla, T.W. Collete, , A.W. Garrison, N.L. Wolfe, et S.C. McCutcheon, Perchlorate identification in fertilizers, Environ. Sci. Technol., , 33, 3469-3472 (**1999**).

[28] B. Gu, J. D. Coates ; Perchlorate: environmental occurrence, interactions and treatment ; Springe (2006)

[29] D. F. Shriver,P. W Atkins; Chimie inorganique; DeBoeck Université; (2001)

[30] Z. Chen et C. Detellier , Journal of Solution Chemistry 21(9): 941-952 (1992).

[31] A.W. Hakin., M.J. Lukacs, J.L. Liu, K. Erickson et A. Madhavji, The Journal of Chemical Thermodynamics 35(5), 775-802 (2003).

[32] A.W. Hakin, J.L. Liu, K. Erickson et J.-V Munoz, The Journal of Chemical Thermodynamics 36: 773-786 (2004).

[33] V.S. Sastri , J.-C.G. BûnzU , V.R. Rao , G.V.S. Rayudu and J.R. Perumareddi ; Modern Aspects of Rare Earths and Their Complexes; ELSEVIER B.V(2003)

[34] J.F. Desreux, A. Renard, G. Duyckaerts, J. Inorg. Nucl. Chem. 39, 1587, (1977).

[35] T Fujinaga, I. Sakamoto, Pure Appl. Chem. 52, 1389, (1980).

[36] M.A. Greer, G. Goodman, R.C. Pleus, et S.E. Greer, Health Effects Assessment for Environmental Perchlorate Contamination: The Dose Response for Inhibition of

Thyroidal Radioiodine Uptake in Humans, Environ. Health Perspect., 110 (9), 927-937(**2002**).

[37] M. EL Mustapha Hamid and J. L. Pascal, Polyhedron, **13**, 1787–1792 (1994).

[38] J. L. Pascal, M. Al Haddad, H. Rjeck and F. Favier, Can. J. Chem., **72**, 2044 (1994).

[39] M. EL Mustapha Hamidi, M. Hnach and H. Zineddine, J. Fluorine Chem., **99**, 109–113 (1999).

[40] F. Favier and J. L. Pascal, J. Chem. Soc., Dalton Trans., 1997 (1992).

[41] J-C. G. Bünzli, V. Kasparek, Inorg. Chim. Acta; **182**,1 , 101-107 (1991).

[42] D.C. Joy, EXAFS Spectroscopy Techniques and Application, Plenum Press, New York, (1981).

[43] E. J. Baerends, D. E. Ellis and P. Ros, Chem. Phys; **2**, 41(1973).

[44] J. P. Perdew, J.A. Chevary, S.H. Vosko,K.A. Jackson, M. R. Pederson, D. J. Singh and C. Fiolhais, Phys. Rev. B: Condens. Matter, **46**, 6671 (1992).

[45] E. van Lenthe, A. Ehlers and E. J. Baerends, J. Chem. Phys., **110**, 8943 (1999).

[46] I. Persson, P. D'Angelo, S. De Panfilis,M. Sandstr¨om and L. Eriksson, Chem.–Eur. J., **14**, 3056 (2008).

[47] H. Chermette, J. Comput. Chem., **20**, 129 (1999).

[48] A. Chatterjee, E. N. Maslen and K. J. Watson, Acta Crystallogr., Sect. B: Struct. Sci., 44, 381(1988).

[49]. Berthet. J. C; Nierlich. M; et Ephritikhine. M; C. R. Chimie 5; (2002).

[50]. Berthet. J.C ; Nierlich. M ; Miquel. Y ; Madic. C ; et Ephritikhine. M ; Service de Chimie Moléculaire ; DSM ; DRECAM ; CNRS URA 331 Laboratoire Claude Fréjacques, CEA/Saclay ; 91191 ; Gif-sur-Yvette ; France.

[51] J. C Berthet, M. Lance, M. Nierlich, et M. Ephritikhine; Laboratoire de Cristallochimie, Service de Chimie Mol'eculaire, CNRS URA 331, CEA Saclay ; 91191 Gifsur Yvette ; France ;First uranium(iv) triflates ; Chem. Commun; (1998).

[52] Handbook on the Physics and Chemistry of Rare Earths, vol. 18—Lanthanides/Actinides: Chemistry, ed. K. A. Gschneidner, L. Eyring, G. R. Choppin and G. H. Lander, Elsevier Science, New York (1994).

[53] F. L. Hirshfeld, Theor. Chim. Acta, **44**, 129(1977).

[54] S. Schinzel, M. Bindl, M. Visseaux and H. Chermette, J. Phys. Chem. A, **110**, 11324 (2006).

[55] M. Torrent-Sucarrat, J. M. Luis, M. Duran and M. Sol`a, THEOCHEM, **727**, 139 (2005).

[56] H. Chermette, G. Hollinger and P. Pertosa, Chem. Phys. Lett., **86**, 170. (1982).

[57] P. Pyykko, Chem. Rev., **88**, 563 (1988).

[58] M. E. Casida, H. Chermette and D. Jacquemin, THEOCHEM, **914**, 1 (2009).

[59] M. E. Casida, THEOCHEM, **914**, 3 (2009).

[60] M. A. L. Marques and A. Rubio, Phys. Chem. Chem. Phys., **11**(22), 4421 (2009).

[61] M. E. Casida, A. Ipatov and F. Cordova, in Time-Dependent Density- Functional Theory, edited byM.A.L.Marques,C.Ullrich,F.Nogueira, A.Rubio and E. K.U. Gross (Springer, 2006), vol. 706 of Lecture Notes in Physics, p. 243.

[62] A. Ipatov, F. Cordova, L. J. Doriol and M. E. Casida, THEOCHEM, **914**, 60(2009).

PAPER

A quantum chemistry investigation on the structure of lanthanide triflates Ln(OTf)$_3$ where Ln = La, Ce, Nd, Eu, Gd, Er, Yb and Lu†

Douniazed Hannachi,[a] Nadia Ouddai[a] and Henry Chermette[*b]

Received 9th November 2009, Accepted 29th January 2010
First published as an Advance Article on the web 5th March 2010
DOI: 10.1039/b923391a

Density functional theory has been used to probe the electronic structure, coordination number, optical properties and the vibration spectra of monolanthanide trifluoromethane sulfonate Ln(OTf)$_3$ complexes where Ln = La, Ce, Nd, Eu, Gd, Er, Yb and Lu. The study reveals that the OTf group is bonded to Ln as a bidentate ligand. TDDFT calculations show that, for La(OTf)$_3$, MLTC and HOMO–LUMO transitions in the UV-vis are strongly bathochromically shifted compared to those of Lu(OTf)$_3$.

1. Introduction

The trivalent lanthanide ions have a wide range of coordination numbers (CN = 3–12). The size of the ligand and the steric hindrance determine mainly the geometry, the coordination number and the ligand packing around the metal ions in a way to minimize ligand–ligand repulsion. Lower coordination numbers can be achieved with very bulky ligands such as N(SiMe$_3$)$_2$, whereas the highest coordination numbers are usually achieved with chelating ligands, which have small angles such as NO$_3^-$. Furthermore, the ligand can bond the metal in many ways; in particular, the triflate ligand [CF$_3$SO$_3^-$ = OTf$^-$] may adopt different coordination modes in complexes (μ^1, μ^2, μ^3 or μ^0, the non-coordinating free anion);[1] for example, [M(OTf)$_3$(terpy)$_2$] complexes where M is a lanthanide or a actinide are monodentate,[2] whereas the [(U(OTf)$_2$(OPPh$_3$)$_4$)] complexes contain one monodentate and one bidentate [OTf$^-$].[3] The same feature exists for the perchlorate [ClO$_4^-$] group, which could act as a monodentate and bidentate ligand.[4]

Lanthanide triflates Ln(OTf)$_3$ are important in a wide variety of applications such as organic synthesis.[5] They are mild and selective catalysts, which have been used widely in carbon–carbon and carbon–heteroatom bond-forming reactions, including Mukaiyama,[6] Friedel–Crafts,[7] esterification,[8] aromatic nitration,[9] and Diels–Alder[10] reactions. These catalysts are regarded as environmentally safe because of their low toxicity, ease of handling, stability in water, no corrosiveness and their ability to be reused.[11]

In this paper we carry out a quantum calculation based on the density functional theory (DFT) of the lanthanide triflate and perchlorate. Our aim is to study the changes of the geometry with the variation of coordination number between six and nine, furthermore we report the computational study on Ln(OTf)$_3$ where Ln = La, Ce, Nd, Eu, Gd, Er, Yb and Lu.

If we look at the radial extension of lanthanides 4f orbitals, these orbitals are often assigned to the (semi-) core shell when carrying theoretical studies on lanthanide complexes; this approximation reduces substantially the computational effort.

Recently however, several investigations have pointed out that the generally accepted assumption concerning the non-participation of 4f electrons to chemical bonds had to be reconsidered in some peculiar cases, like reactivity.[12] This compels us to introduce 4f orbitals into the valence set.

2. Computational details

Density functional theory calculations were carried out using the Amsterdam Density Functional (ADF) program developed by Baerends and co-workers.[13] Electron correlation was treated within general gradient approximation with the PW91 functional.[14] The atom electronic configurations were described by a triple ξ Slater type orbital (STO) basis set for H 1s, 2s and 2p for C, F and O, 3s and 3p for S, augmented with 2p single-ξ polarization functions for H atoms, with 3d single-ξ polarization functions for C, F and O, and 4p single-ξ polarization functions for S. The atomic basis set of the lanthanide atoms is the following: a triple ξ-STO for the outer 4f, 5d and 6s orbitals, a frozen core approximation for the shells of lower energy. Relativistic corrections were taken into account with the use of the relativistic scalar zero-order-regular approximation (ZORA) method.[15] The integration parameter and the energy convergence criterion were set to be 6 and 10^{-3} au, respectively. Coordinates of Lu(OTf)$_3$ and La(ClO$_4$)$_3$ (with and without geometry constrain), are given in supporting information. No symmetry constrain was imposed to the calculations, and only (when indicated) identical La–O bond lengths were forced in the calculations with no further (symmetry) constrain.

3. Complex structures

3.1. Lutetium triflate

In the end of the nineties, Pascal and Hamidi *et al.*[16-18] synthesized lanthanide triflates Ln(OTf)$_3$ where Ln = La, Pr, Nd, Sm, Eu,

[a] *Laboratoire Chimie des matériaux et des vivants: Activité, Réactivité Université El-Hadj Lakhdar, Batna-, Algérie*
[b] *UNIVERSITE DE LYON; Université Lyon 1 et CNRS UMR 5180 Sciences Analytiques; Laboratoire de Chimie Physique Théorique, bât Dirac, 43 bd du 11 novembre 1918, 69622, Villeurbanne cedex, France. E-mail: henry.chermette@univ-lyon1.fr*
† Electronic supplementary information (ESI) available: Bond distances and angles (Table S1), percentage compositions of orbitals (MO) in the HOMO–LUMO region (Table S2) of optimized geometry of Ln(OTf)$_3$ where Ln = La, Ce, Nd, Eu, Gd, Er, Yb and Lu. See DOI: 10.1039/b923391a

Gd, Er and Lu. These complexes have been characterized by Raman vibrational spectroscopy, X-ray powder diffraction, and EXAFS. These studies indicate that [OTf] is a tridentate ligand and that the central atom Ln is nine-fold coordinated. X-Ray powder diffraction reveals that these complexes are isomorphous and crystallized in the monoclinic system (space group $P2_1/m$)[16–18] The EXAFS measurement shows that the Ln–O distances are 2.480 Å for Eu and 2.340 Å for Lu.[18]

Using Hamidi and co-workers' X-ray data,[19] we calculate the electronic structure of Lu(OTf)$_3$ for a structure in which the [OTf] ligand is tridentate and the metal–ligand distances are all constrained to be fixed at the same value Lu–O = 2.340 Å.

The assignments are supported by DFT calculations, as shown in Scheme 1.

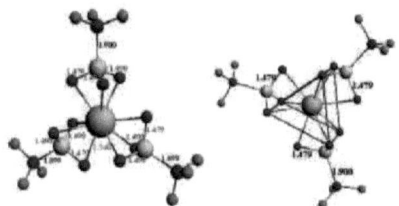

Scheme 1 Structure of the Lu(OTf)$_3$ complex. The bond angles O–S–O = 106° and O–Lu–O = 61°. The binding energy of this geometry is −153.860 eV.

The compound [Lu(OTf)$_3$] = **1** is a molecular complex with the three tridentate chelating triflate ligands around the lutetium centre. Hence, the Lu is coordinated by nine oxygen atoms with a tricapped trigonal prism (TTP) coordination polyhedron (cf. Scheme 2). A similar TTP structure is observed in [Lu(H$_2$O)$_9$]$^{3+}$] complexes.[19–28] Selected bond and angle parameters of **1** are given in Scheme 1.

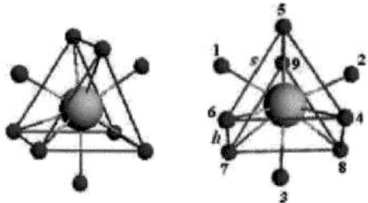

Scheme 2 Tricapped trigonal prismatic arrangement of oxygen atoms coordinated to lutetium.

The coordination geometry of lutetium is a tricapped trigonal prism with capping oxygen atoms in the centre of the three rectangular faces as shown in Scheme 2. The value s and h distances amount 3.475 Å and 2.408 Å, respectively. The trigonal faces of the tricapped trigonal prism are defined by O(4)–O(5)–O(6) and O(7)–O(8)–O(9).

With such a tricapped trigonal prism structure, the sulfur–oxygen bond length amounts 1.490 Å for the oxygen of the apex of the prism, and 1.479 Å for the capping oxygen atoms.

We optimize the TTP (**1**) structure but this time without imposing constraints. The new geometry obtained for Lu(OTf)$_3$ is presented in Scheme 3. It can be seen that the Lu(III) ion in this compound is coordinated by three triflate ligands with a bidentate coordination. Subsequently, the coordination number of this geometry is now equal to six (cf. Schemes 3–4). The binding energy $E_{bind} = -157.500$ eV.

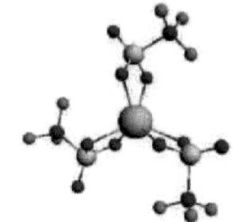

Scheme 3 Optimized geometry of Lu(OTf)$_3$ obtained without constraints.

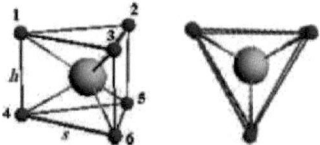

Scheme 4 Trigonal prism arrangement of oxygen atoms coordinated to Lutetium.

Notice from Scheme 4 that, in [Lu(OTf)$_3$] = **2**, the six oxygen atoms form a large trigonal prism (TP) and that a Lu^{3+} ion is situated at the centre with Lu–O distances equal to 2.290 Å.

The lanthanide triflate coordination sphere in **2** can be described as being constituted of two triangles O(1)–O(2)–O(3) and O(4)–O(5)–O(6) with a side ridge value (s) of 3.386 Å, and an inter-triangular separation (h) of 2.396 Å.

The DFT calculation in this stage depends on fixing the geometry (where [OTf] is a tridentate ligand) and let the calculation determines the value of distance metal–ligand. It was found that all distance Lu–O are equal to 2.510 Å and the binding energy $E_{bind} = -154.790$ eV.

As expected, DFT calculations have shown that the energy gap ($\Delta E = E_h - E_l$) of the tridentate geometry (Lu–O = 2.510 Å) is smaller than that of the bidentate for Lu(OTf)$_3$ see Fig. 1. This agrees with the maximum hardness principle which establishes that the hardness (i.e. the HOMO–LUMO gap) is maximum for the most stable isomer.[21]

3.1.1. Vibrational frequencies. The vibrational frequencies have been calculated using DFT and they are found to be real

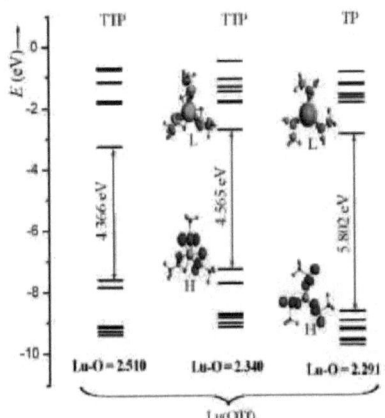

Fig. 1 DFT molecular orbital diagrams of Lu(OTf)$_3$.

for both of the lowest energy configurations of TTP and TP of Lu(OTf)$_3$ as shown in Fig. 1.

The theoretical IR spectra of both structures, reported in Fig. 2 show a more spread out spectrum for the TP structure, with a global shift towards low frequencies of most vibrations (with respect to the TTP structure). The difference between the TP and TTP spectrum is an intense peak near 1320 cm^{-1}. This vibration can be assigned to S–O' stretching vibrations (where Δd S–O' = $d_{Max} - d_{Min}$ = 0.220 Å, is not observed in TTP) see Fig. 2.

3.2. Lanthanum perchlorate

Using the same methods as in the references,[16-18] F. Favier and J. L. Pascal[17,22] synthesized the lanthanide perchlorates Ln(ClO$_4$)$_3$ where Ln = La, Pr, Nd, Sm, Gd and Er. Their study reveals that the Ln(ClO$_4$)$_3$ complexes are isostructural and crystallize in the monoclinic system (space group $P2_1/m$). Vibrational spectroscopic data shows a bridging tridentate coordination of [ClO$_4^-$] with the central atom.

Starting from Favier and Pascal's data[17,22] we performed DFT calculation on the lanthanum perchlorates La(ClO$_4$)$_3$ keeping a distance constraint (all the La–O distances are equal to 2.700 Å) depicted in Scheme 5. Furthermore, the DFT calculation of

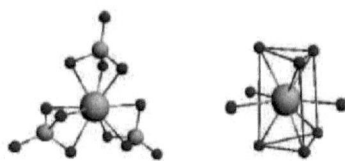

Scheme 5 Optimized geometry with constraint $E_{tot} = -81.917$ eV.

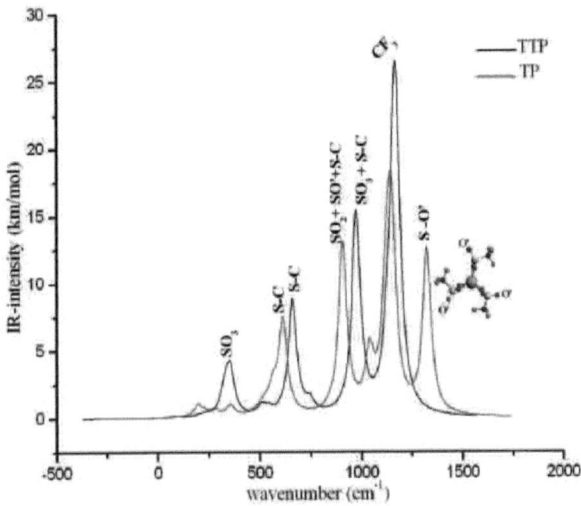

Fig. 2 Vibrational spectra of TTP and TP structures calculated in gas phase.

the TTP geometry of La(ClO$_4$)$_3$ obtained with no geometry constraints is given in Scheme 6.

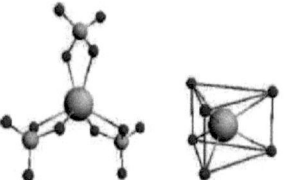

Scheme 6 Optimized geometry of La(ClO$_4$)$_3$ with no constraint E_{bnd} = −82.669 eV.

Scheme 6 shows that in La(ClO$_4$)$_3$ the six oxygen atoms form a large trigonal prism TP, the La^{3+} ion being situated at the center and CN = 6. Hence, for the lanthanum perchlorate the TP geometry turns out to be more favoured than the TTP geometry. The difference in energy between the structures with bidentate ligand with respect to tridentate ligand is significant, but rather small (0.752 eV) if one takes into account that the TTP geometry used for the calculation involved a constrain in the La–O bond distances, all set equal to 2.700 Å. A constrained geometry optimization, keeping equal all La–O bond lengths should lead to structure energy even closer to the TTP one.

4. Results and discussion

The different structures of lutetium triflate and lanthanum perchlorate complexes are determined by quantum calculations

Table 1 Binding energies of two conformers of Lu(OTf)$_3$ and Yb(OTf)$_3$

	Conformer 1	Conformer 2	$\Delta E = |E_1 - E_2|$
	E_1	E_2	(eV)
Lu(OTf)$_3$	−157.521	−157.504	0.017
Yb(OTf)$_3$	−153.820	−153.825	0.005

Table 3 Atomic spin densities for the open-shell systems Ln(OTf)$_3$

	Ce(OTf)$_3$[a]	Nd(OTf)$_3$[a]	Eu(OTf)$_3$[a]	Gd(OTf)$_3$	Er(OTf)$_3$	Yb(OTf)$_3$
Ln	1.0252	3.1188	6.3339	6.9560	2.7400	0.6526
O2	−0.0052	−0.0195	−0.0467	0.0046	0.0370	0.0511
O3	−0.0052	−0.0192	−0.0506	0.0046	0.0380	0.0472
O4	−0.0006	−0.0047	−0.0244	0.0006	0.0130	0.0269
O10	−0.0008	−0.0055	−0.0260	0.0006	0.0130	0.0270
O11	−0.0058	−0.0199	−0.0484	0.0046	0.0370	0.0512
O12	−0.0058	−0.0199	−0.0530	0.0046	0.0390	0.0473
O18	−0.0005	−0.0056	−0.0256	0.0006	0.0130	0.0270
O19	−0.0049	−0.0196	−0.0532	0.0046	0.0370	0.0512
O20	−0.0049	−0.0191	−0.0474	0.0046	0.0390	0.0473
S1	0.0020	0.0040	0.0126	0.0036	−0.0030	−0.0095
S9	0.0030	0.0049	0.0135	0.0036	−0.0030	−0.0095
S17	0.0014	0.0048	0.0133	0.0036	−0.0030	−0.0095
C5	0.0002	−0.0003	−0.0002	0.0000	0.0000	−0.0002
C13	0.0002	−0.0001	0.0000	0.0000	0.0000	−0.0002
C21	0.0002	−0.0002	0.0000	0.0000	0.0000	−0.0002

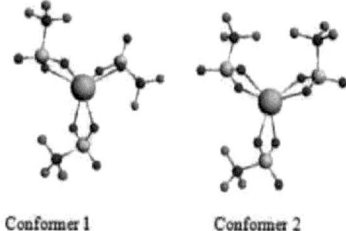

Conformer 1   Conformer 2

Scheme 7

(DFT). This analysis leads to a TTP distance lutetium–oxygen of (2.340 Å)[28] longer than for TP lutetium–oxygen (2.290 Å). The change in Lu(OTf)$_3$ structure from TTP to TP and the reduction in the Lu–O distance are attributed to an increasing tendency for the metal ion to change coordination number from six to nine as the size of ligand is reduced.[25] On the other hand, for the Ln(OTf)$_3$ complexes, another geometry in which the [OTf] group is

Table 2 Hirshfeld atomic charges of the main atoms of Ln(OTf)$_3$ (where Ln = La, Ce, Nd, Eu, Gd, Er, Yb and Lu)

	La(OTf)$_3$	Ce(OTf)$_3$	Nd(OTf)$_3$[a]	Eu(OTf)$_3$[a]	Gd(OTf)$_3$	Er(OTf)$_3$	Yb(OTf)$_3$	Lu(OTf)$_3$
Ln	0.780	0.742	0.871	0.845	0.731	0.853	0.847	0.736
O2	−0.254	−0.249	−0.268	−0.264	−0.248	−0.266	−0.260	−0.249
O3	−0.254	−0.249	−0.269	−0.263	−0.247	−0.265	−0.265	−0.250
O4	−0.229	−0.227	−0.225	−0.223	−0.226	−0.223	−0.221	−0.224
O10	−0.229	−0.228	−0.225	−0.222	−0.226	−0.223	−0.221	−0.224
O11	−0.254	−0.249	−0.269	−0.263	−0.248	−0.266	−0.261	−0.249
O12	−0.254	−0.249	−0.268	−0.262	−0.247	−0.264	−0.265	−0.250
O18	−0.229	−0.228	−0.225	−0.222	−0.226	−0.223	−0.221	−0.224
O19	−0.254	−0.249	−0.268	−0.264	−0.248	−0.267	−0.261	−0.249
O20	−0.254	−0.249	−0.270	−0.261	−0.247	−0.264	−0.265	−0.249
S1	0.433	0.435	0.428	0.426	0.434	0.426	0.425	0.433
S9	0.433	0.434	0.428	0.428	0.434	0.426	0.425	0.433
S17	0.433	0.435	0.428	0.427	0.434	0.426	0.425	0.433
C5	0.223	0.223	0.223	0.221	0.223	0.223	0.222	0.223
C13	0.223	0.223	0.223	0.222	0.223	0.223	0.222	0.223
C21	0.223	0.223	0.223	0.221	0.223	0.223	0.222	0.223

[a] Geometry in conformer 2.

monodentate may exist. The DFT calculation of Lu(OTf)₃ where [OTf] is monodentate leads to the same TP geometry.

5. Lanthanide triflate

In this section, we report the results of a systematic quantum chemistry study of lanthanide trifluoromethanesulfonate Ln(OTf)₃ where Ln = La, Ce, Nd, Eu, Gd, Er, Yb and Lu in order to characterize and compare the evolution of the metal–ligand bond within a series of lanthanides from a structural and electronic point of view. For these calculations we have chosen the geometry where [OTf] is monodentate as a starting point.

As shown in Scheme 7, the DFT calculations for Ln(OTf)₃ predict the existence of two conformers of [OTf]. This conformational flexibility is not particularly important and is not an essential property because the difference of bonding energy between both conformations is very small (0.017 and 0.005 eV). The bonding energies are summarized in Table 1.

The optimized structures of the lanthanide triflate are presented in Scheme 8, selected bond distances and bond angles are given in the ESI, Table S1.† The computational calculation shows that the lanthanide triflates are TP isostructural and the [OTf] ligands

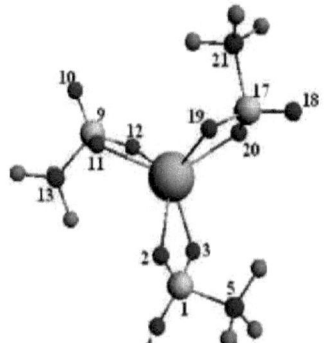

Scheme 8 Optimized geometry of Ln(OTf)₃ with its labelling.

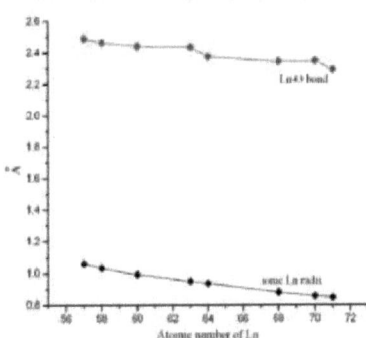

Fig. 3 The ionic Ln radii (from ref. 24) and Ln–O bond plotted against the atomic number of the lanthanide.

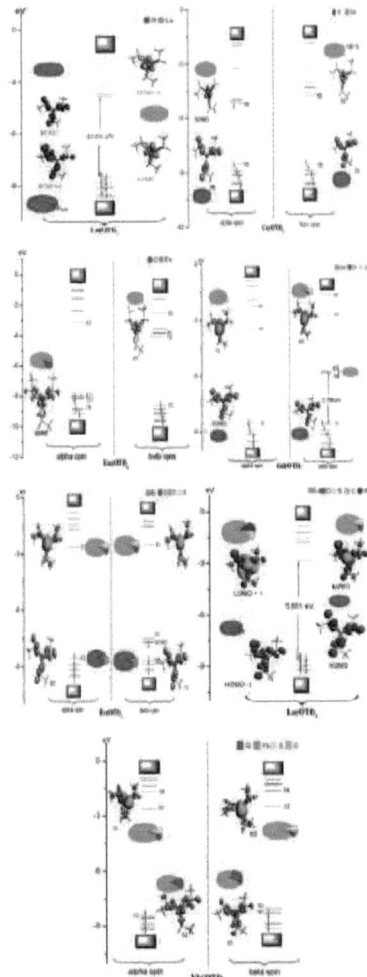

Fig. 4 DFT molecular orbital diagrams of Ln(OTf)₃ where Ln = Ce, La, Eu, Gd, Er, Lu and Yb.

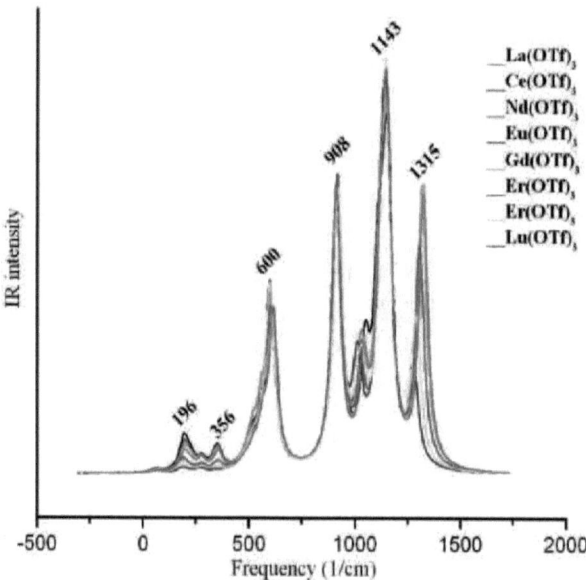

Fig. 5 Theoretical vibrational spectra of Ln(OTf)$_3$.

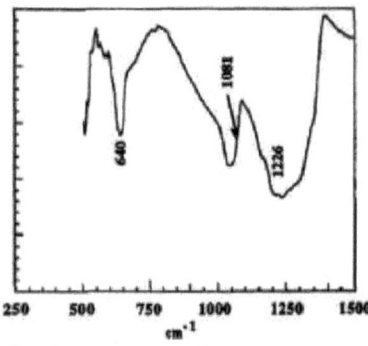

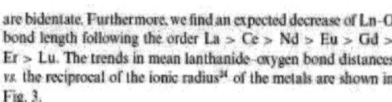

Fig. 6 Typical IR spectra for Ln(OTf)$_3$ complexes (from ref. 16).

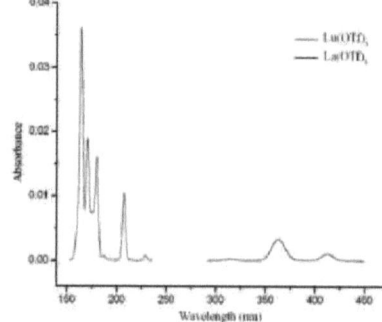

Fig. 7 Theoretical UV-vis absorption spectra of Lu(OTf)$_3$ (red line) and La(OTf)$_3$ (black line) complexes.

are bidentate. Furthermore, we find an expected decrease of Ln–O bond length following the order La > Ce > Nd > Eu > Gd > Er > Lu. The trends in mean lanthanide–oxygen bond distances vs. the reciprocal of the ionic radius[34] of the metals are shown in Fig. 3.

Table 2 shows the atomic net charges for Ln(OTf)$_3$ obtained using the Hirshfeld analysis.[25] This provides complementary information about the nature of the bond character. Hence, the oxygen atoms which are directly bounded to lanthanide cation to form the Ln–O ionic bond are slightly, but significantly, more negative than unbounded ones. The Nd–O bond is the most ionic

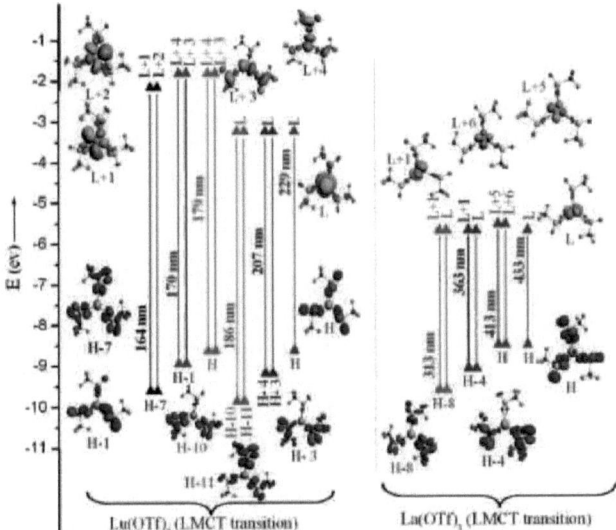

Fig. 8 Orbital energy level diagrams of the molecular orbitals involved in the excitation transitions for La(OTf)$_3$ and Lu(OTf)$_3$ calculated by TD-DFT in gas phase.

of the Ln–O bonds in Ln(OTf)$_3$. Finally, since both Ln and S are charged positively, the electrostatic interaction between them is subsequently repulsive which precludes the formation of a Ln–S bond (See Table 2).

The spin distribution computed for Ln(OTf)$_3$ is given in Table 3. The largest spin density obtained on the metal is characteristic of the highly localized (semi-core) 4f electrons of rare earths, leading to a strongly polarized structure. These numbers exhibit the same amplitudes as that found in ref. 12.

5.1. Molecular orbital analysis

Ln complexes show a typical, expected, insulator MOs band structure diagram in which the valence band consists an oxygen 2p band and the conduction band consists of an empty metal d orbital. The HOMO–LUMO band gap amounts 8 eV, a value which can be considered as a good criterion of stability according to the maximum hardness principle.[28] As expected for rare earth compounds, f orbitals lie within the band gap, their role in the compound stability being small, occurring only via the 4f–5d orbital quasi degeneracy, and not by an orbital interaction of the 4f orbital block, with ligand orbitals, as explained in ref. 12, 27 and 28.

The frontier MOs of the Ln(OTf)$_3$ (where Ln = La, Ce, Nd, Eu, Gd, Er, Yb and Lu) complexes are presented in Fig. 4. The HOMO/LUMO gaps are large in La and Lu (completely occupied f shell) and Gd (half-occupied f shell) complexes which are therefore the most stable complexes. All molecular orbitals deriving from the ligand and the metal atomic orbitals and having a metal or ligand contribution greater than or equal to 1% are listed in the ESI, Table S2.† According to this calculation, there is no significant 4f contribution of the lanthanide to the metal–ligand bond and there is only a few mixing between the ligand and the metal orbitals. To summarize, the bonding between the metals and the OTf groups is ionic.

5.2. Vibrational frequencies

The frequency calculations on the lanthanide triflate complexes Ln(OTf)$_3$ (where Ln = La, Ce, Nd, Eu, Gd, Er, Yb and Lu) produced no imaginary frequencies indicating that in each case the minimum energy point was located (cf. Fig. 5). All the spectra are similar and characteristic of the ligand structure. On Fig. 5 and 6, the calculated Ln(OTf)$_3$ (Ln = La, Ce, Nd, Eu, Gd, Er, Yb and Lu) are compared to a typical IR spectrum of the lanthanide triflate complexes.[30] It can be noticed that our calculations reproduce all the vibrational modes except the S–O' (non-bonded oxygen to metal) which is not observed in the typical IR spectrum. In addition, the vibration of the CF$_3$ group, assigned in typical IR spectra to the range 1224–1332 cm^{-1} whereas it is associated by our calculations with the peak at the value 1143 cm^{-1}. This shift may be attributed to additional intermolecular bonding with bridging triflate ligands not taken into account in our calculations.

5.1. UV-vis spectroscopy

The optical properties of La(OTf)$_3$ and Lu(OTf)$_3$ have been theoretically investigated by means of time dependent (TDDFT) calculations at the molecular level. In this work we have restricted the calculations to these two compounds because of the inefficiency of standard TDDFT tools to handle open shell molecules (see, e.g. ref. 29–31) and references therein.[32] Indeed, for such systems, the importance of excited-state-spin-contamination has been recently analyzed.[33] The absorption spectra reported in Fig. 7 are dominated in the UV-vis regions by absorption features at about 164, 170, 180, 186, 207, 229, 313, 363, 413 and 440 nm, which are given in Fig. 7. The band can be assigned to LMTC (ligand to metal charge transfer). Fig. 8 shows the plots of the most representative molecular frontier orbitals in the ground states of La(OTf)$_3$ and Lu(OTf)$_3$, respectively. The main difference in the absorption spectra of these two compounds is that HOMO–LUMO transition of La(OTf)$_3$ are strongly bathochromically shifted compared with those of Lu(OTf)$_3$, this is related to the lower HOMO–LUMO gap value of La(OTf)$_3$. The larger delocalisation and conjugative effect of Lu(OTf)$_3$ compared to that of La(OTf)$_3$ is at the origin of the larger oscillator strengths of all bands of Lu(OTf)$_3$ compared to those of La(OTf)$_3$, this may be attributed to the shorter Lu–O distance (see ESI Table S1).†

6. Conclusion

In this contribution, we have presented the results of DFT calculations on a series of lanthanide triflate complexes of the general formulas Ln(OTf)$_3$, where Ln = La, Ce, Nd, Eu, Gd, Er, Yb and Lu. The quantum calculation DFT proved that the trigonal prismatic geometry is favored over the tricapped trigonal prismatic in lanthanide triflate complexes. The Ln(OTf)$_3$ are TP isostructural with a coordination number equals to 6 and the [OTf] ligand is bidentate. The frequency calculations on the TP complexes Ln(OTf)$_3$ produced no imaginary frequencies indicating that in each case the minimum energy point was located.

Our work shows that, with some ligands, the coordination number of lanthanide complexes may easily change. Therefore it may be sensitive to the environment (crystal, solvent or gas phase), and this could have potential interest for catalytic reactions. The present work has studied isolated complexes for which the higher coordination number observed in powder diffraction has been found to be less favourable. The study of the role of the phase environment will be the subject of subsequent works, both in experimental and theoretical studies.

Acknowledgements

The GENCI and CINES (project cpt2130) are acknowledged for computer facilities.

References

1 P. B. Hitchcock, A. G. Hulkes, M. F. Lappert and A. V. Protchenko, *Inorg. Chim. Acta*, 2006, **359**, 2998.
2 J. C. Berthet, M. Nierlich and Y. Miquel, *Dalton Trans.*, 2005, 369.
3 J. C. Berthet, M. Lance, M. Nierlich and M. Ephritikhine, *Eur. J. Inorg. Chem.*, 1999, 2005.
4 S. A. Brandán, *THEOCHEM*, 2009, **908**, 19.
5 S. Kobayashi, M. Sugiura, H. Kitagawa and W. W.-L. Lam, *Chem. Rev.*, 2002, **102**, 2227.
6 S. Kobayashi and I. Hachiya, *J. Org. Chem.*, 1994, **59**, 3590.
7 A. Kawada, S. Mitamura and S. Kobayashi, *Chem. Commun.*, 1996, 183.
8 A. G. M. Barrett and D. C. Braddock, *Chem. Commun.*, 1997, 351.
9 F. J. Waller, A. G. M. Barrett, D. C. Braddock and D. Ramprasad, *Chem. Commun.*, 1997, 613.
10 S. Kobayashi and H. Ishitani, *J. Am. Chem. Soc.*, 1994, **116**, 4083.
11 J. M. Salla, X. Fernández-Francos, X. Ramis, C. Mas, A. Mantecón and A. Serra, *J. Therm. Anal. Calorim.*, 2008, **91**, 385.
12 S. Schinzel, M. Bindl, M. Visseaux and H. Chermette, *J. Phys. Chem. A*, 2006, **110**, 11324.
13 E. J. Baerends, D. E. Ellis and P. Ros, *Chem. Phys.*, 1973, **2**, 41.
14 J. P. Perdew, J. A. Chevary, S. H. Vosko, K. A. Jackson, M. R. Pederson, D. J. Singh and C. Fiolhais, *Phys. Rev. B: Condens. Matter*, 1992, **46**, 6671.
15 E. van Lenthe, A. Ehlers and E. J. Baerends, *J. Chem. Phys.*, 1999, **110**, 8943.
16 M. EL Mustapha Hamid and J. L. Pascal, *Polyhedron*, 1994, **13**, 1787–1792.
17 J. L. Pascal, M. Al Haddad, H. Rjeck and F. Favier, *Can. J. Chem.*, 1994, **72**, 2044.
18 M. EL Mustapha Hamidi, M. Hnach and H. Zineddine, *J. Fluorine Chem.*, 1999, **99**, 109–113.
19 I. Persson, P. D'Angelo, S. De Panfilis, M. Sandström and L. Eriksson, *Chem.–Eur. J.*, 2008, **14**, 3056.
20 K. Djanashvili, C. Platas-Iglesias and J. A. Peters, *Dalton Trans.*, 2008, 602.
21 H. Chermette, *J. Comput. Chem.*, 1999, **20**, 129.
22 F. Favier and J. L. Pascal, *J. Chem. Soc., Dalton Trans.*, 1992, 1997.
23 A. Chatterjee, E. N. Maslen and K. J. Watson, *Acta Crystallogr., Sect. B: Struct. Sci.*, 1988, **44**, 381.
24 *Handbook on the Physics and Chemistry of Rare Earths, vol. 18 – Lanthanides/Actinides: Chemistry*, ed. K. A. Gschneidner, L. Eyring, G. R. Choppin and G. H. Lander, Elsevier Science, New York 1994.
25 F. L. Hirshfeld, *Theor. Chim. Acta*, 1977, **44**, 129.
26 M. Torreni-Sucarrat, J. M. Luis, M. Duran and M. Solà, *THEOCHEM*, 2005, **727**, 139.
27 H. Chermette, G. Hollinger and P. Pertosa, *Chem. Phys. Lett.*, 1982, **86**, 170.
28 P. Pyykko, *Chem. Rev.*, 1988, **88**, 563.
29 M. E. Casida, H. Chermette and D. Jacquemin, *THEOCHEM*, 2009, **914**, 1.
30 M. E. Casida, *THEOCHEM*, 2009, **914**, 3.
31 M. A. L. Marques and A. Rubio, *Phys. Chem. Chem. Phys.*, 2009, **11(22)**, 4421.
32 M. E. Casida, A. Ipatov and F. Cordova, in *Time-Dependent Density-Functional Theory*, edited by M. A. L. Marques, C. Ullrich, F. Nogueira, A. Rubio and E. K. U. Gross (Springer, 2006), vol. 706 of *Lecture Notes in Physics*, p. 243.
33 A. Ipatov, F. Cordova, L. J. Doriol and M. E. Casida, *THEOCHEM*, 2009, **914**, 60.

Chapitre III

Le Réarrangement Intramoléculaire Dans les triflates des Lanthanides $Ln(OTf)_3$

III.1. Introduction

L'étude de la réactivité des complexes organométalliques de lanthanide par les méthodes de la chimie quantique est actuellement en plein essor. Les avancées méthodologiques, combinées à l'augmentation des ressources informatiques, permettent aujourd'hui non seulement de déterminer et d'analyser les structures géométriques et électroniques, mais également de calculer de façon quantitative des grandeurs énergétiques. De plus, ces méthodes sont employées pour traiter des problèmes de sélectivité, où la détermination précise de grandeurs thermodynamiques et cinétiques est indispensable.

Dans ce chapitre nous présenterons une méthode théorique adaptée pour étudier le mécanisme du réarrangement intramoléculaire des complexes des triflates des lanthanides $Ln(OTf)_3$ où Ln= La ; Lu ; Ce ; Gd et Yb, nous vérifierons ensuite l'activité catalytique de chaque composé.

III.2. Définitions

Les conformations d'une molécule sont les arrangements des atomes qui ne se différencient que par des rotations autour de liaisons simples. Ce terme a été introduit dans les années 30 par N. Haworth lors de son étude des sucres. L'étude systématique de la conformation des cycles de la famille du cyclohexane a été entreprise par le chimiste norvégien Odd Hassel. La prise en compte de l'analyse conformationnelle dans la prévision de la réactivité des stéroïdes a été reconnue dès les années 50 par le chimiste britannique Sir Derek H. R. Barton. En 1969, le prix Nobel de chimie a été décerné à Hassel et Barton pour l'ensemble de leurs travaux sur ce sujet.

III.3. Réactivité des triflates métalliques

Il existe désormais un très grand nombre de réactions en synthèse organique catalysées par les triflates métalliques. Nous ne présenterons que quelques exemples récemment décrits concernant leur réactivité comme acides de Lewis puissants dans des réactions de formation de liaison C-C (Diels-Alder, Friedel-Crafts…) et qui permettent d'illustrer la diversité de l'utilisation des ces catalyseurs [1-3]

La figure IV-1 représente le nombre de publications dans lesquelles divers triflates métalliques ont été utilisés en tant que catalyseurs ou réactifs au cours de ces années (1993-2003). Cette figure permet de rendre compte de l'évolution considérable de l'utilisation de ces sels métalliques dans diverses réactions.

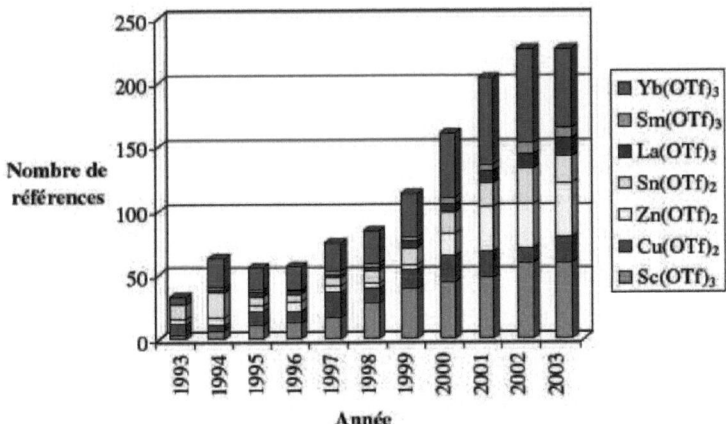

Figure III-1 : Nombre de publications impliquant divers triflates métalliques en tant que catalyseurs ou réactifs. Source : SciFinder Scholar 2004

Parmi les divers triflates métalliques, ceux du scandium(III) et d'ytterbium(III) semblent être les plus utilisés.

L'évaluation de la force de l'acidité de Lewis de quelques triflates métalliques de terres rares (III) a été récemment réalisée par mesure en spectrométrie de masse. La force de ces acides a été mesurée par l'intensité des pics des ions formés à partir d'ions précurseurs des triflates coordinés à de l'hexaméthylphosphoramide [4] Cette analyse a permis de montrer la forte acidité de Lewis des complexes du scandium (III) et de l'ytterbium (III). Par ailleurs, cette analyse a également montré que l'acidité de Lewis de Yb^{3+} était supérieure à celle de Lu^{3+} bien que le rayon de Yb^{3+} soit plus grand que celui de Lu^{3+}[5].

III.4. Théorie de l'état de transition

Tout processus cinétique peut être réduit, par l'intermédiaire du mécanisme réactionnel, en une séquence de réactions élémentaires. En général, pour un système contenant des réactifs et des produits de la réaction élémentaire, il est utile d'introduire un diagramme de potentiel multidimensionnel qui reflète la variation d'énergie du système en fonction de la position des atomes impliqués dans la réaction.

La théorie de l'état de transition a été développée par Eyring [6,7] dans le but d'expliquer les vitesses réactionnelles observées en fonction des paramètres thermodynamiques. Elle prétend que les réactifs doivent franchir un état de transition en forme de complexe activé et que la vitesse de cette réaction est proportionnelle à la concentration de ce complexe activé. L'avantage primordial de cette théorie est de relier la cinétique à la thermodynamique.

Soit la réaction chimique suivante :

$$\text{Réactif} \rightleftharpoons TS^* \longrightarrow \text{produit}$$

Au niveau microscopique, la constante de vitesse k dépend des états quantiques des molécules A, B, C et D, c'est à dire des états de translation, de rotation et de vibration. A l'échelle macroscopique, la constante de vitesse est prise comme une moyenne des constantes de vitesse microscopiques pondérées par les probabilités de trouver chaque molécule dans un certain état quantique.

Selon la théorie de l'état de transition, le passage des réactifs (état initial) aux produits (état final) nécessite le passage par un état de transition ; c'est à dire l'affranchissement d'une barrière d'activation calculée par :

$$Ea = E(TS) - E(\text{réactifs}) \qquad \text{(III-1)}$$

Le chemin d'une réaction chimique est déterminé par la fonction d'énergie potentielle des mouvements des noyaux U(qa) tel que qa sont les coordonnés des N noyaux des réactifs. Pour obtenir la surface d'énergie potentiel (PES) U(qa), il faut résoudre l'équation de Schrödinger d'un très grand nombre de configurations nucléaires pour les (3N-6) variables de vibration. Chose qui est pratiquement impossible pour les molécules à plusieurs atomes.

La courbe présentée dans la figure ci-dessous représente la variation de la surface d'énergie potentielle en fonction de la coordonnée de réaction :

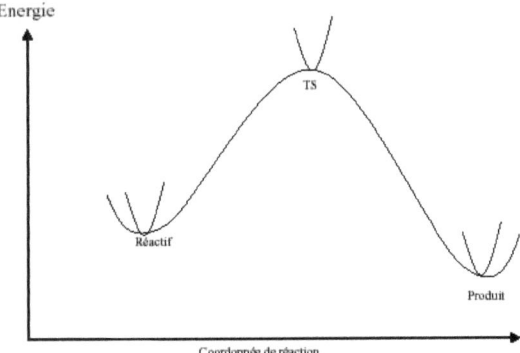

Figure III-1: *la variation de la surface d'énergie potentielle en fonction de la coordonnée de réaction*

Le point qui correspond à l'énergie maximale représente l'état de transition qui est un point de scelle d'ordre 1 (First-order saddle point) sur la surface d'énergie potentielle (PES), c'est-à-dire un maximum dans la direction de la coordonnée de la réaction et un minimum par rapport aux autres coordonnées.

L'état de transition est considéré comme un point stationnaire c'est à dire que $((\partial U/ \partial q_\alpha) = 0)$. Le point stationnaire peut être : un minimum local, un maximum local ou un état de transition.

- Pour un minimum local, toutes les fréquences vibrationnelles sont des nombres réels.
- Pour un point de scelle d'ordre 1, il existe une et une seule fréquence imaginaire de vibration.

Un état de transition est un point de scelle d'ordre 1 et donc il possède une et une seule fréquence imaginaire de vibration. Un point de scelle d'ordre n (n ≥ 2) possède 2 ou plusieurs fréquences imaginaires et n'est pas un état de transition.

III.5. Description du squelette de Ln(OTf)$_3$

A partir des résultats du chapitre III, le squelette des triflates des lanthanides Ln(OTf)$_3$ est formé de trois groupements [OTf] bidentés au centre métallique, et liés de façon à former deux conforméres. Le squelette est caractérisé par deux angles de torsion ou dièdre notés θ et φ (Figure VI-2).

La modélisation, a montré que le conformére 2 est plus stable que le conformére 1 (voir chapitre II) et les deux structures ont gardé les mêmes longueurs de liaisons.

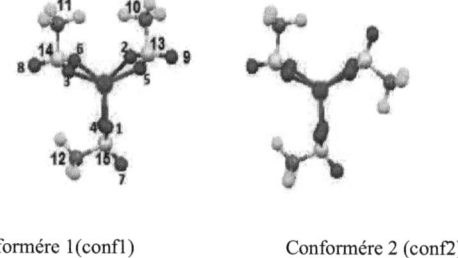

Conformére 1(conf1)　　　　　Conformére 2 (conf2)

Figure III-2 : Les conforméres des triflates des lanthanides.

θ- est l'angle formé par les quatre atomes consécutifs du squelette C-S-Ln-S.
φ- est l'angle formé par les quatre atomes consécutifs du squelette O$_{libre}$-S-Ln-S

Les valeurs de θ et φ de chaque conformére de Ln(OTf)$_3$ où Ln = La, Ce, Gd, Yb et Lu sont groupées dans le tableau suivant :

		La(OTf)$_3$	Lu(OTf)$_3$	Ce(OTf)$_3$	Gd(OTf)$_3$	Yb(OTf)$_3$
$\theta°$	C10-S13-Ln-S14	339 *180*	21 *181*	340 *180*	339 *182*	26 *203*
	C11-S14-Ln-S15	165 *180*	198 *180*	169 *180*	164 *182*	206 *202*
	C12-S15-Ln-S13	175 *180*	193 *181*	172 *179*	170 *182*	203 *203*
	C10-S13-Ln-S15	159 *360*	202 *2*	159 *0*	159 *2*	208 *29*
$\varphi°$	O9-S13-Ln-S14	159 *180*	202 *2*	159 *0*	158 *182*	207 *23*
	O8-S14-Ln-S15	344 *360*	18 *1*	348 *0*	343 *2*	26 *23*
	O7-S15-Ln-S13	355 *0*	13 *1*	353 *360*	351 *2*	24 *23*
	O9-S13-Ln-O15	338 *180*	22 *182*	339 *180*	338 *182*	29 *209*

Les valeurs en gras et en italique correspondent au Conformére 2

Tableau III -2 : *Mesure des angles dièdres*

D'après les valeurs des angles θ et φ du conformére1 (Conf1), deux classes se distinguent suivant leur similitude. La première formée par la série La(OTf)$_3$, Ce(OTf)$_3$ et Gd(OTf)$_3$, et la seconde par les deux autres complexes (voir tableau III-2).

Le conformére1 (Conf1) correspond à la forme pseudo-éclipsée entre deux groupements [OTf] (voir Figure III-3), et pour mieux comprendre ce décalage nous allons mesurer l'angle de torsion $\beta = C_{10}\text{-}S_{13}\text{-}S_{14}\text{-}C_{11}$ pour chaque complexe. Les résultats obtenus sont présentés ci-dessous :

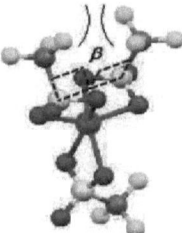

$\beta_{\text{La(OTf)}_3} = 33°$

$\beta_{\text{Ce(OTf)}_3} = 29°$

$\beta_{\text{Gd(OTf)}_3} = 34°$

$\beta_{\text{Lu(OTf)}_3} = 36°$

$\beta_{\text{Yb(OTf)}_3} = 49°$

Figure III-3 : *géométrie pseudo-éclipsée*

La conformation pseudo-éclipsée est une déviation entre deux groupes de triflate par un angle β. Nos calculs montrent que Yb(OTf)₃ possède la plus grande valeur de β (voir Figure III-3).

Dans la situation du conformère (conf2), le composé Yb(OTf)₃ se distingue de toute la série par les valeurs des deux angles θ et φ présentées dans le tableau III-2. Le conformère 2 se présente sous forme décalée, l'angle |α|= C-S-S-C quantifie cette déviation (voir Figure III-3)

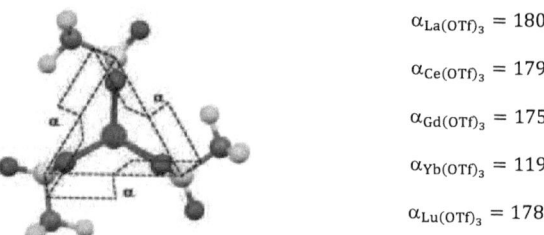

$\alpha_{La(OTf)_3} = 180°$

$\alpha_{Ce(OTf)_3} = 179°$

$\alpha_{Gd(OTf)_3} = 175°$

$\alpha_{Yb(OTf)_3} = 119°$

$\alpha_{Lu(OTf)_3} = 178°$

Figure III-4 : *géométrie décalée*

III.6. Description du polyèdre

Les triflates des lanthanides sont des catalyseurs possèdant deux conforméres pseudo-éclipsé et décalé, ces dernièrs gardent la même structure, qui est celle d'un polyèdre prisme trigonal présenté ci-dessous.

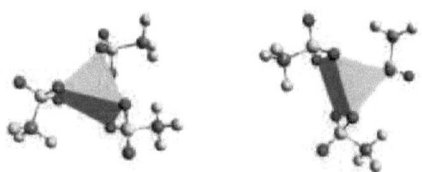

Figure III-5 : *Géométrie prisme trigonal du Confl et Conf2, respectivement.*

L'étude de la géométrie du prisme trigonal des deux conforméres (Confl et Conf2), nous amène à définir un paramètre structural qui nous permet d'analyser les différences et les

similitudes entre les deux formes. Le choix de l'angle dièdre σ, défini par les quatre atomes consécutifs du squelette $O_{(4,5,6)}$-Ctr1-Ctr2-$O_{(1,3,2)}$ voir la figure III-5
- Ctr1 est le centre de triangle : O1-O2-O3.
- Ctr2 est le centre de triangle : O4-O5-O6.

D'autre part nous avons calculé s et h dans chaque conformére, toujours dans le but de faire ressortir le composé spécifique de la série.

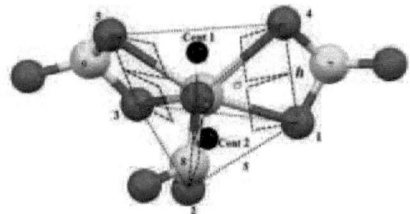

Figure III-5 : *La position de l'angle dièdre σ*

Nous commençons notre étude par la conformation décalée (Conf 2) parce que notre calcul théorique a montré que cette géométrie est la plus stable.

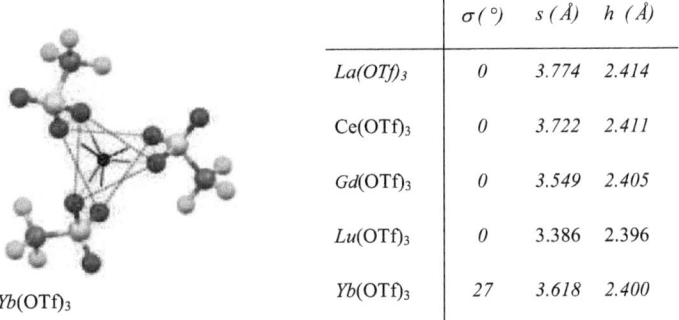

	σ (°)	s (Å)	h (Å)
La(OTf)$_3$	0	3.774	2.414
Ce(OTf)$_3$	0	3.722	2.411
Gd(OTf)$_3$	0	3.549	2.405
Lu(OTf)$_3$	0	3.386	2.396
Yb(OTf)$_3$	27	3.618	2.400

Yb(OTf)$_3$

Figure III-6 : *Les paramètres structuraux du polyèdre TP dans le cas du Conf2*

Yb(OTf)$_3$ possède un angle σ élevé (27°). Cette valeur de σ engendre une forme distordue de la structure TP ; c'est-à-dire que les deux triangles ne sont pas superposés, et les façades rectangulaires sont pseudo équilatérales.

Dans le cas du confl pseudo *éclipsé les calculs théoriques ont donné les résultats* ci-dessous :

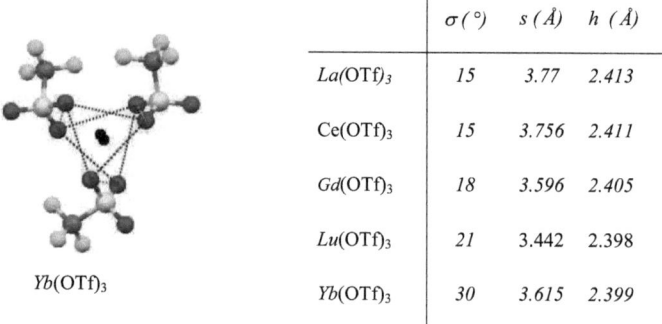

	σ (°)	s (Å)	h (Å)
La(OTf)$_3$	15	3.77	2.413
Ce(OTf)$_3$	15	3.756	2.411
Gd(OTf)$_3$	18	3.596	2.405
Lu(OTf)$_3$	21	3.442	2.398
Yb(OTf)$_3$	30	3.615	2.399

Figure III-7 : *Les paramètres structuraux de polyèdre TP dans le cas du Confl*

Les paramètres structuraux du polyèdre TP dans le cas de conformére 1 sont présentés dans la figure III-7 correspondant à la structure d'un prisme trigonal distordu par un angle σ avec des faces rectangulaires pseudo équilatérales, Le composé Yb(OTf)$_3$ se spécifie par la plus forte distorsion.

Par ailleurs, la molécule Yb(OTf)$_3$ conserve la même structure prisme trigonal distordu et presque avec la même déviation ~28° (voir les figure III :6-7).

Si on considère le squelette de Yb(OTf)$_3$, le centre métallique se trouve bien dégagé par rapport aux autres métaux de la série. Quelle que soit la conformation choisie, l'ytterbium se discerne par l'angle σ le plus élevé, facilitant ainsi son interaction.

Par exemple dans la réaction de nitratation du bromobenzène catalysée par Ln(OTf)$_3$, le meilleur rendement de 62% est obtenu avec Yb(OTf)$_3$. Alors que Ce(OTf)$_3$ ne donne que 21% [8].

La géométrie prisme trigonal du triflate de lanthane La(OTf)$_3$ peut expliquer la faible réactivité de ce composé dans la réaction d'Aza Diels-Alder (voir figure III-8) [9] puisque le centre métallique est couvert dans les deux conformations, par les deux triangles formés par les oxygènes.

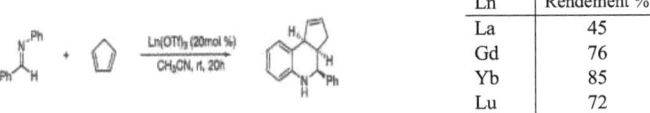

Ln	Rendement %
La	45
Gd	76
Yb	85
Lu	72

Figure III-8 : *La réaction d' Aza Diels-Alder*

I*l existe dans la* littérature *divers* types de réactions chimiques utilisant les triflates des lanthanides Ln(OTf)$_3$ comme catalyseurs, et dans lesquelles le triflate d'ytterbium donne les meilleurs rendements. Ceci peut être du à son rayon ionique [10].

En conclusion, l'angle de torsion σ est un paramètre structural étroitement lié aux propriétés catalytiques des triflates des lanthanides.

III.7. Etude mécanistique

Dans cette partie nous nous intéresserons aux mécanismes réactionnels correspondant aux changements conformationnels des triflates des lanthanides. Tous les calculs seront effectués en phase gazeuse.

Analyse

Les conformations des triflates de lanthanide sont définies par l'orientation des deux groupements [OTf] l'un par rapport à l'autre, tel que sont exprimées en terme d'angle de torsion C_{10}-S_{13}-Ln-S_{14} (pour la simplicité on écrit C-S-Ln-S = ω).

Ce mécanisme démarre de la géométrie la moins stable Conf1 et se termine par la géométrie la plus stable Conf2. Le passage de Conf1 ↔ Conf2 correspondant à la rotation d'un ligand [OTf] autour de la liaison S-Ln d'un angle de torsion notée ω.

La variation systématique de l'angle de torsion C-S-Ln-S permet d'explorer tout l'espace conformationnel et d'engendrer un ensemble de structures. L'analyse conformationnelle autour de l'angle ω consiste à faire varier la valeur de cet angle dièdre par des pas réguliers de $ω_1$ (valeur de Conf1) à ω2 (valeur de Conf2).

III.8. Choix d'une stratégie théorique

Pour analyser le mécanisme du réarrangement intramoléculaire dans les triflates des lanthanides nous avons utilisé le code ADF2009 (***Amsterdam Density Functional***) et exactement la technique de transite linéaire (de l'anglais ***Linear Transit*** (LT)). Nous avons gardé toujours les mêmes critères de calculs c'est-à-dire la méthode PW91, le calcul relativiste ZORA scalaire, cœurs moyens, l'intégrale et l'énergie sont égales à 6 et 10^{-3} respectivement.

Pour réaliser la rotation du groupement [OTf] nous allons effectuons un calcul de LT entre les deux conformations optimisées (Conf1 et Conf 2) ce calcul correspond seulement aux angles dièdres suivants:

$$\begin{cases} C10 - S13 - S14 - C11 : & (V-I) \to (V-F) \\ C11 - S14 - S15 - C12 : & (V-I) \to (V-F) \\ C12 - S15 - S13 - C10 : & (V-I) \to (V-F) \end{cases}$$

Où V-I et V- F indiquent les valeurs initiales et finales de chaque complexe de $Ln(OTf)_3$. Avec la technique (LT) nous avons scanné toutes les étapes de rotation de [OTf] avec un pas égal à 11°. *Les résultats des calculs des différents complexes sont présentés dans le paragraphe suivant* :

III.9. Le réarrangement intramoléculaire

L'étude théorique de la capacité du réarrangement intramoléculaire des triflates des lanthanides en fonction de l'angle dièdre est déterminée pour la série $Ln(OTf)3$ où Ln = La, Ce, Gd, Lu et Yb comme suivant :

III.9.1. Triflate du Lanthane $La(OTf)_3$

Le triflate du lanthane correspond au métal le plus pauvre en électrons de la famille. Ceci signifie qu'il possède le rayon ionique le plus élevé 1,032 Å [11].
Le passage de conf1 à conf 2 est représenté dans la figure suivante :

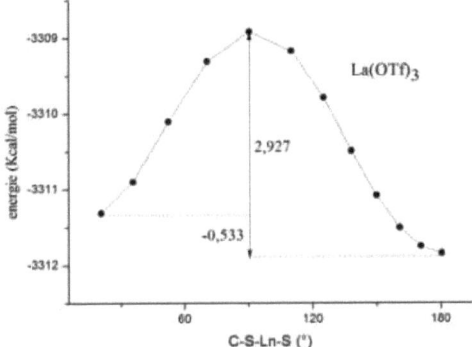

Figure III-9 : *Variation de la surface d'énergie potentielle en fonction de l'angle de torsion ω.*

A partir des résultats de calcul LT, le réarrangement intramoléculaire du triflate de lanthane correspond à un état intermédiaire avec une énergie égale à -3308,919 kcal/mol et un angle de torsion ω égale à 90°.

Le triflate de lanthane est utilisé comme un catalyseur dans diverses réactions en chimie organique [12-16]. Ce catalyseur donne dans certaines réactions un rendement faible et dans un autre acceptable, par exemple dans le mécanisme suivante [9] :

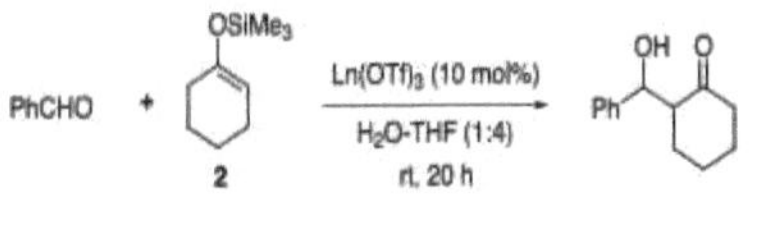

$Ln(OTf)_3$	Rendement %
$La(OTf)_3$	**8**
$Gd(OTf)_3$	89
$Yb(OTf)_3$	91
$Lu(OTf)_3$	88

Figure III-10 : *rendement de La(OTf)₃*

III.9.2. Triflate de Cérium Ce(OTf)₃

Les lanthanides sont généralement trivalents dans les conditions naturelles, à l'exception du cérium et l'europium qui peuvent prendre en plus un autre état ionique. Dans toutes les terres rares le cérium est le plus abondant et possède diverses applications industrielles. Le triflate de cérium (III) Ce(OTf)₃ est un catalyseur utilisé dans les réactions d'acétylation des alcools [17] dans la *synthèse des quinoléines [18]* ainsi dans de *différentes réactions [19, 20]* avec un rendement généralement moyen.

Le graphe du réarrangement intramoléculaire de Ce(OTF)$_3$ est similaire à celui du La(OTf)$_3$, surtout en ce qui concerne les valeurs de ΔG et ΔE. Le pic de ce graphe correspond à un état intermédiaire dont l'énergie est égale à -3321,009 kcal/mol et l'angle de torsion de cette géométrie est égal à 90°.

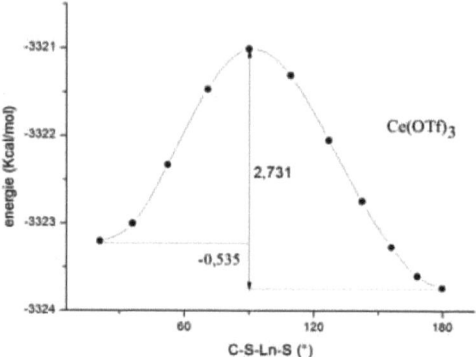

Figure III-11 : *La variation de la surface d'énergie potentielle en fonction de l'angle ω.*

III.9.3. le Triflate du Gadolinium

Le triflate du gadolinium Gd(OTf)$_3$ est un catalyseur efficace pour l'acétylation des alcools et des amines [21] ainsi utilisé dans les réactions Friedel-Crafts [22, 23] et aza Diels-Alder [24], par exemple la réaction d'addition suivante [9] :

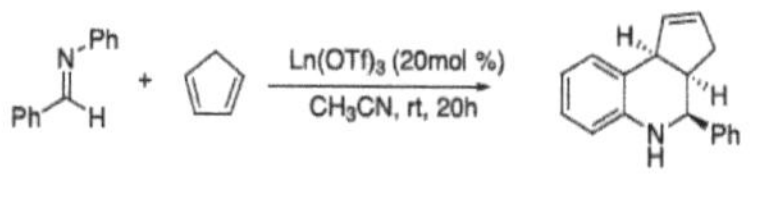

Ln	Rendement %
La	45
Gd	**76**
Yb	85
Lu	72

Figure III-12 : *L'effet du* triflate *de lanthanide sur le rendement de la réaction d'Aza Diels-Alder.*

Le réarrangement de ce catalyseur est similaire aux deux autres complexes La(OTf)$_3$ et Ce(OTf)$_3$, l'état intermédiaire correspond est obtenu à un angle ω =90°.

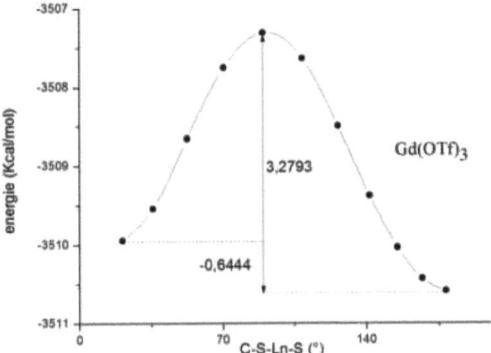

Figure III-13 : *Variation de la surface d'énergie potentielle en fonction de l'angle ω.*

III.9.4. Triflate de Lutétium Lu(OTf)$_3$

Le triflate de lutétium est comme les autres catalyseurs de la série, lui aussi est utilisé dans un grand nombre de réactions de formation de liaison carbone-carbone et carbone-hétéroatome, nous prenons l'exemple de d'Aza Diels-Alder suivante [9] :

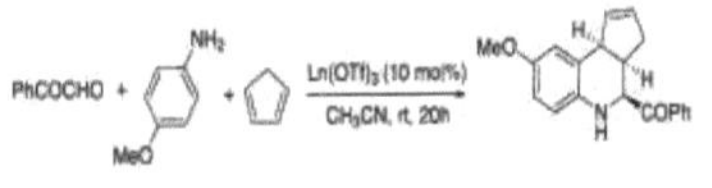

Ln(OTf)$_3$	Rendement %
La	88
Gd	91
Yb	94
Lu	**80**

Figure III-14 : l'effet des triflates des lanthanides dans la réaction d'Aza Diels-Alder.

Les pourcentages des rendements de ces catalyseurs sont proches, une légère différence observée dans le cas de Yb(OTf)$_3$.

La différence d'énergie ΔG pour le réarrangement intramoléculaire de Lu(OTf)$_3$ est égale a 4.039 kcal/mol (voir figure III-15), cette valeur est proche de celles de La(OTf)$_3$, Ce(OTf)$_3$ et Gd(OTf)$_3$ (voir les figures III :9, 11, 13).Lla même constatation est valable pour l'angle de torsion des états intermédiaires.

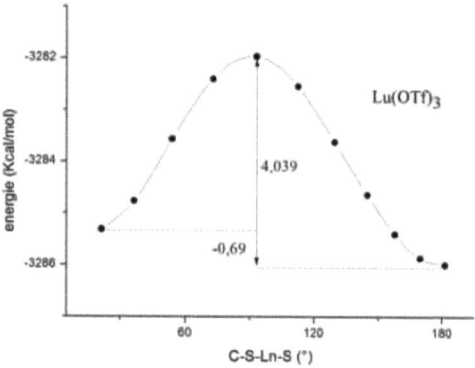

Figure III-15 : *Variation de la surface d'énergie potentielle en fonction de l'angle ω.*

III.9.5 Triflate de l'ytterbium Yb(OTf)$_3$

Le triflate d'ytterbium est le meilleur catalyseur de la série étudiée, dans un grand nombre de réactions, comme Diels-Alder, Friedel–Crafts et l'*addition de Michael* …[25-34]

Les résultats de nos calculs théoriques effectués sur les mécanismes du réarrangement conformationnel, fournissent des informations très intéressantes à propos de l'ion métallique Yb^{3+}. Son énergie d'activation $\Delta G^{\#}$ cinq fois plus élevée que celles des autres composés de la série (voir figure III-16). L'angle ω de l'état de transition est égal à 113° .

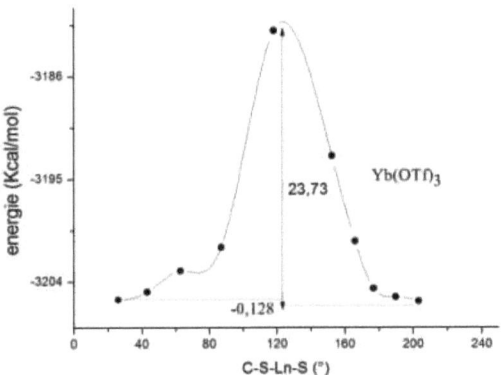

Figure III-16 : *Variation de la surface d'énergie potentielle en fonction de l'angle ω.*

III.10. Etude thermodynamique

En thermodynamique, une réaction est dite favorable si la variation d'enthalpie libre est négative, et défavorable si elle est positive. Sa valeur est donnée par la loi de Gibbs :

$$\Delta G = \Delta H - T\Delta S \text{ ou encore } \Delta G = - RT \times \ln K$$

De manière générale, le facteur ΔH est déterminant, c'est-à-dire que l'on va vers des molécules plus stables ; ΔS est déterminant lorsque l'on crée plus de désordre, lorsqu'un cycle est brisé par exemple.

III.11. Étude cinétique

La cinétique nous informe sur la vitesse d'apparition et de disparition des réactifs et des produits.

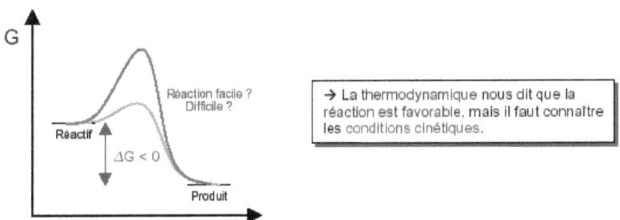

L'enthalpie libre d'une réaction est donnée par l'équation suivante :

$$\Delta G = E_{produits} - E_{réactifs}$$

Les paramètres cinétiques obtenus par un calcul en phase gazeuse sont regroupés dans le tableau suivant :

Ln(OTf)$_3$	ΔE (kcal/mol)	Δ G (kcal/mol)	ω (°) de l'état intermédiaire
La(OTf)$_3$	2.927	-0.533	90
Ce(OTf)$_3$	2.731	-0.535	90
Gd(OTf)$_3$	3.279	-0.644	90
Yb(OTf)$_3$	23.73	-0.126	113
Lu(OTf)$_3$	4.039	-0.69	93

Tableau III-3 : *Les valeurs de l'enthalpie libre ΔG.*

Où : $\Delta E = E_{produit} - E_{état\ intermédiaire}$

Tous les changements conformationnels, de conf1 à conf2, sont des réactions spontanées à cause des valeurs négatives obtenues pour ΔG (voir Tableau IV-3), ceci traduit une bonne flexibilité de toutes les molécules de Ln(OTf)$_3$. Néanmoins on observe dans ce cas aussi une particularité du composé Yb(OTf)$_3$, *la vitesse du réarrangement de ce dernier est largement plus lente* (voir Tableau III-3). Par conséquent les deux structures conf1 et conf2 de Yb(OTf)$_3$ sont stables, et possèdent une durée de vie plus élevée que leurs homologues. Cette particularité explique davantage l'efficacité de l'activité catalytique du composé Yb(OTf)$_3$.

III.12. Perspectives et Conclusions

Les exemples que nous avons présenté dans ce travail indiquent clairement que le triflate de l'ytterbium est le catalyseur le plus efficace, donne le meilleur rendement dans la plus part des réactions de chimie organique.

L'étude structurale sur les conformations (Conf 1 et Conf 2) des triflates des lanthanides Ln(OTf)$_3$ où Ln= La, Ce, Gd, Yb et Lu a montré que le triflate de l'ytterbium possède une structure différente à celle du reste. Le centre métallique (Yb^{3+}) est plus dégagé grâce à l'angle de torsion σ élevé, et c'est l'un des facteurs qui contribue à faire de ce composé un catalyseur efficace.

Dans l'étude du réarrangement intramoléculaire de Ln(OTf)$_3$, le composé *Yb(OTf)$_3$ se distingue des autres composés de la série, par un processus plus lent et une meilleure stabilité des deux conformères.*

Dans cette étude nous pouvons dégager deux points :
L'efficacité d'un catalyseur des triflates des lanthanides peut être expliquée par :

- Le centre métallique bien exposé, et dégagé entre les deux plans triangulaires.
- La stabilité des deux conformères.

En conséquence le triflate de l'ytterbium répond à ces critères et se trouve le meilleur catalyseur.

III.13. Bibliographie

[1] N. Yonezawa, T. Hino, T. Ikeda; Rec. Res. Dev. Synth.Org. Chem., 1, 213-223 (1998).

[2] H. Gaspard-Iloughmane, ; C. L. Roux; Eur. J.Org. Chem ; 2517-2532(**2004**).

[3] S. Kobayashi; Eur. J. Org. Chem;15-27(1999).

[4] H.Tsuruta, K. Yamaguchi, T. Imamoto; Tetrahedron ; 59, 10419-10438 (2003).

[5] L. Coulombel ; thèse DOCTEUR EN SCIENCES « Cycloisomerisation d'alcools et d'acides carboxyliques insaturés catalysée par des triflates metalliques. Applications en chimie des arômes et parfums » ; Université de nice-sophia antipolis UFR sciences(2004).

[6] H. Eyring, M. Polanyi; Z. Phys, Chem; 12, 279(1931).

[7] H. Eyring ; J. Chem. Phys ; 3, 107(1935).

[8] F. J. Waller, A. G. M. Barrett, D. C. Braddock, R. M. McKinnell, D. Ramprasad; «Lanthanide (III) and Group IV metal triflate catalysed electrophilic nitration: 'nitrate capture' and the rôle of the metal centre» ; (1999).

[9] S. Kobayashi, R. Anwander; Lanthanides: chemistry and use in organic synthesis; Springer(1999).

[10] A. Dzudza, T. J. Marks; «Lanthanide Triflate-Catalyzed Arene Acylation. Relation to Classical Friedel–Crafts Acylation»(2008).

[11] Handbook on the Physics and Chemistry of Rare Earths, vol. 18— Lanthanides/Actinides: Chemistry, ed. K. A. Gschneidner, L. Eyring, G. R. Choppin and G. H. Lander, Elsevier Science, New York (1994).

[12] S. Kobayashi, I. Hachiya ; Tetrahedron Letters, 33, 12,1625-1628(1992).

[13] K. Fujiwara, H. Mishima, A. Amano, T. Tokiwano, Akio Murai; Tetrahedron Letters, Volume 39, Issues 5-6, 393-396(1998).

[14] K. Fujiwara, T. Tokiwano, A. Murai; Tetrahedron Letters, 36, 44, 8063-8066(1995).

[15] S. Mukherjee, B. Mukhopadhyay, Synlett, , 2853-2856(2010).

[16] W. Su, D. Yang, C. Jin, B. Zhang; Tetrahedron Letters, 49, 21, 3391-3394(2008).

[17] R. Dalpozzo, A. D. Nino, L. Maiuolo, A. Procopio, M. Nardi, G. Bartoli, R. Romeo; Tetrahedron Letters, 44, 30, 5621-5624(2003).

[18] K. D. Surya, A. G. Richard; Tetrahedron Letters, 46, 10, 1647-1649(2005).

[19] S. Çalimsiz, M. A. Lipton; J. Org. Chem; 70,16, 6218–6221(2005).

[20] A. Kumar, M. S. Rao, V. K. Rao; Aust. J. Chem., 63, 135–140(2010).

[21] R. Alleti, M. Perambuduru, S. Samantha V. P. Reddy; Journal of Molecular Catalysis A: Chemical, 226, 1, 57-59(2005).

[22] A. Kawada, S. Mitamura, S.Kobayashi J. Chem. Soc., Chem. Commun., 1157-1158(1993).

[23] D-M. Cui, C. Zhang, M. Kawamura, S. Shimada; Tetrahedron Letters,45, 8, 1741-1745(2004).

[24] L. Yu, D. Chen , P. G. Wang; etrahedron Letters,37, 13, 2169-2172(1996).

[25] A. G. M. Barrett, D. C. Braddock, J. P. Henschke, E. R. Walker; J. Chem. Soc., Perkin Trans. 1, 873-878(1999).

[26] X. Zhu, Z. Du, F. Xu , Q. Shen ; J. Org. Chem ; 74, 16, 6347–6349(2009).

[27] S-g. Lee, J. H. Park; Bull. Korean Chem. Soc; 23, 10(2002).

[28] W. Huang, J. Wang, Q. Shen, X. Zhou; Tetrahedron Letters, 48, 23, 3969-3973(2007).

[29] H. C. Aspinall, A. F. Browning, N. Greeves, P. Ravenscroft; Tetrahedron Letters, 35, 26, 4639-4640(1994).

[30] G . Grach, A . Dinut, S. Marque , J. Marrot,R. Gil , D. Prim ; Org Biomol Chem. 21;9 ,497-503(2011).

[31] E. Ramesh, E. Elamparuthi, R. Raghunathan, Synthetic Communications ; 36, 10(2006).

[32] A. Kawada, S. Mitamura, S. Kobayashi J. Chem. Soc., Chem. Commun., 14,1157-1158 (1993) ,

[33] X. Zhang, W. T. Teo, P. W. H. Chan; Org. Lett ; 11,21, 4990–4993(2009).

[34] E. Keller, Ben L. Feringa; Tetrahedron Letters, 37, 11, 1879-1882(1996).

Conclusion générale

L'objectif de cette thèse a été de présenter une étude théorique au sein de la DFT de différents complexes organométalliques de lanthanide.

Le premier chapitre est une mise au point bibliographique permettant de situer le thème de notre travail dans le cadre général de l'étude des lanthanides trivalents.

L'étude effectuée au moyen de calculs quantiques sur des deux composés {THF [N (SiMe$_3$)$_2$]$_2$Lu}$_2$ (μ-η^2:η^2N$_2$) (**1**) et [(C$_5$Me$_4$H)$_2$ Lu THF] $_2$(μ-η^2:η^2N$_2$) (**2**), nous a permis de montrer que les propriétés optiques, en particulier la luminescence, est étroitement liée à l'arrangement structural et à la nature des ligands liés au métal. L'étude du magnétisme moléculaire au travers du calcul de la constante de couplage *J*, en appliquant la technique de brisure de symétrie (broken symmetry), a été établie sur les deux complexes. L'espèce (**1**) a donné un couplage antiferromagnétique et le modèle (**2**) un couplage ferromagnétique.

Le travail théorique que nous avons effectué dans le troisième chapitre a permis de déterminer la géométrie exacte des triflates de lanthanide Ln(OTf)$_3$, où Ln = La, Ce, Nd, Eu, Gd, Er, Yb et Lu. Nous avons déterminé avec précision et pour la première fois, que les triflates des lanthanides possèdent deux structures : trigonale prismatique TP et trigonale prismatique tricappée TTP, telle que la forme TP est favorisée par rapport à la forme TTP. Nous avons également montré que la géométrie trigonale prismatique TP, possède deux conformères. Dans le premier conformère les trois groupes [OTf] sont décalés et dans le deuxième les deux groupes [OTf] sont éclipsés.

Dans le dernier chapitre, nous avons validé l'emploi de la DFT pour l'étude de la réactivité de complexes de triflate lanthanide Ln(OTf)$_3$ où Ln= La ; Lu ; Ce ; Gd et

Yb. Nous avons effectué un calcul théorique du réarrangement intramoléculaire de tous les complexes de la série. Nous avons constaté que le triflate d'ytterbium présente une réactivité différente aux autres complexes, et un mécanisme d'analyse conformationnelle avec une barrière énergétique plus élevée (20Kcal/mol de différence par rapport aux autre métaux) en plus dans l'état de transition le centre métallique (Yb^{+3}) est plus dégagé entre les deux triangles.

Les résultats obtenus dans ce chapitre, nous ont permis d'établir une corrélation entre la structure électronique des complexes $Ln(OTf)_3$ et leur réactivité ; ceci nous a permit également d'expliquer le rendement élevé obtenu dans les réactions utilisant $Yb(OTf)_3$ comme catalyseur.

Finalement, les méthodes théoriques proposées dans ce travail ont donné d'excellents résultats regroupés dans deux publication [1,2] , la première publication.

Etude théorique de l'effet du ligand sur la liaison et la structure électronique dans les composés $[THFL_2Lu]_2(\mu-\eta^2:\eta^2N_2)$ où, $L = N(SiMe_3)_2$ et C_5Me_4H

la seconde :

La chimie quantique enquête sur la structure des triflates de lanthanide $Ln(OTf)_3$ où Ln = La, Ce, Nd, Eu, Gd, Er, Yb et Lu.

Bibliographie

[1] D. Hannachi, N. Ouddai, A. Ounissi, A. May, and H. Benflis; J. Comput. Theor. Nanosci. 6, 1–4, (2009).

[2] D. Hannachi, N. Ouddaia and H. Chermette; Dalton Trans., 39, 3673–3680,(2010).

Résumé

Ce travail porte sur une étude théorique en méthode DFT effectuée sur des complexes des lanthanides à l'aide du logiciel ADF.

La première partie concerne les deux composés, {THF [N (SiMe$_3$)$_2$]$_2$Lu}$_2$ ($\mu\eta^2$:η^2N$_2$) et [(C$_5$Me$_4$H)$_2$ Lu THF] $_2$(μ-η^2:η^2N$_2$), pour lesquels nous avons déterminé les propriétés électronique, optique et structurale ainsi que les propriétés magnétiques.

Le reste du travail constitue deux chapitres de cette thèse, dans ces derniers nous avons traité une série des triflates des lanthanides du type Ln(OTf)$_3$ où Ln = La, Ce, Nd, Eu, Gd, Er, Yb et Lu., où nous avons décrit d'une façon rationnelle, les propriétés structurales, énergétiques et catalytiques de tous les composés de la série.

i want morebooks!

Buy your books fast and straightforward online - at one of the world's fastest growing online book stores! Environmentally sound due to Print-on-Demand technologies.

Buy your books online at

www.get-morebooks.com

Achetez vos livres en ligne, vite et bien, sur l'une des librairies en ligne les plus performantes au monde!
En protégeant nos ressources et notre environnement grâce à l'impression à la demande.

La librairie en ligne pour acheter plus vite

www.morebooks.fr

OmniScriptum Marketing DEU GmbH
Heinrich-Böcking-Str. 6-8
D - 66121 Saarbrücken
Telefax: +49 681 93 81 567-9

info@omniscriptum.de
www.omniscriptum.de

Printed by Books on Demand GmbH, Norderstedt / Germany